全国高等院校应用型创新规划教材·计算机系列

CorelDRAW X6 矢量图形设计与制作

龚玉娟　于述平　李月洁　主　编

申延合　唐　琳　副主编

U0378230

清华大学出版社

北　京

内 容 简 介

本书以目前流行的 CorelDRAW X6 版本为例，深入浅出地讲解了 CorelDRAW 应用的相关知识。全书共分为 13 章，以初识 CorelDRAW 开始，一步步讲解 CorelDRAW 对象的基本操作、图形的绘制、曲线的绘制与编辑、颜色应用与填充、文本的编辑与处理、对象轮廓的修饰与美化、图形的高级编辑与处理、图层与位图、制作矢量图交互式效果、符号的编辑与应用、打印与输出等知识。

本书实例丰富，包含了 CorelDRAW 应用的方方面面，如广告、海报制作以及插画绘制等，可帮助读者快速上手，并将其应用到实际工作领域。

本书内容翔实，图文并茂，语言简洁，实例丰富，可以作为初学者的入门与提高教材，也可作为大中专院校相关专业学生及 CorelDRAW 应用培训班学生的教材。

本书配套资源可在清华大学出版社网站下载，其中的教学视频对书中实例进行了全程同步讲解， 读者可以将两者结合使用，以达到事半功倍的学习效果。另外，光盘中还提供了部分实例的素材文件和最终效果文件，读者可以随时学习。

图书在版编目(CIP)数据

CorelDRAW X6 矢量图形设计与制作/龚玉娟，于述平，李月洁主编. —北京：清华大学出版社，2016
（2021.9 重印）

(全国高等院校应用型创新规划教材·计算机系列)

ISBN 978-7-302-46000-8

Ⅰ. ①C… Ⅱ. ①龚… ②于… ③李… Ⅲ. ①图形软件—高等职业教育—教材 Ⅳ. ①TP391.41

中国版本图书馆 CIP 数据核字(2016)第 315023 号

责任编辑：汤涌涛
封面设计：杨玉兰
责任校对：吴春华
责任印制：丛怀宇
出版发行：清华大学出版社
　　　　　网　　　址：http://www.tup.com.cn, http://www.wqbook.com
　　　　　地　　　址：北京清华大学学研大厦 A 座　　　邮　　　编：100084
　　　　　社 总 机：010-62770175　　　　　邮　　　购：010-62786544
　　　　　投稿与读者服务：010-62776969, c-service@tup.tsinghua.edu.cn
　　　　　质量反馈：010-62772015, zhiliang@tup.tsinghua.edu.cn
　　　　　课件下载：http://www.tup.com.cn, 010-62791865
印 装 者：三河市龙大印装有限公司
经　 销：全国新华书店
开　 本：185mm×260mm　　　印　张：22　　　字　数：532 千字
版　 次：2016 年 12 月第 1 版　　　印　次：2021 年 9 月第 6 次印刷
定　 价：59.00 元

产品编号：070011-02

前　言

CorelDRAW 软件是与 Illustrator、Freehand 等齐名的矢量绘图软件，广泛应用于平面设计、插图制作、排版印刷、网页制作等领域。虽然 CorelDRAW 属于平面设计软件，但由于其使用方便，操作简便、快捷，并能够很好地表现图像外观，许多人也将 CorelDRAW 用于产品效果制作。

本书以循序渐进的方式，全面介绍了 CorelDRAW 中文版的基本操作和功能。全书内容环环相扣，文字表达与图示相结合，讲解由浅入深、循序渐进，全面讲述了 CorelDRAW X6 在设计工作中的应用，真正实现了理论讲解与实例制作的完美结合。全书共分为 13 章，各章的主要内容说明如下。

第 1 章介绍 CorelDRAW X6 的基础知识。其中重点讲解了 CorelDRAW X6 的工作界面、文件的基本操作、文件的导入与导出和页面的设置，并简单介绍了如何使用辅助工具。

第 2 章介绍 CorelDRAW X6 中对象的基本操作。在 CorelDRAW 中熟练掌握操作和管理对象的方法，能够有效提高用户的绘图效率。本章主要对选择对象、复制对象、变换对象、控制对象、对齐和分布对象的操作方法进行了详细的介绍。

第 3 章介绍 CorelDRAW X6 中图形的绘制。作为专业的平面图形设计软件，掌握基本的图形绘制方法是使用 CorelDRAW X6 进行图形设计创作的基本技能。本章主要介绍了如何使用矩形工具、椭圆形工具、多边形工具和其他几何图形工具绘制几何图形的方法。

第 4 章主要讲解在 CorelDRAW X6 中曲线绘制方法和技巧。运用不同的工具能绘制出不同曲线，不同的曲线具有不同的作用。

第 5 章介绍 CorelDRAW X6 中的各种填充工具，对绘制的图形进行填充。

第 6 章讲解文本的编辑与处理。介绍了 CorelDRAW X6 中文本工具的应用和文本属性的设置，并对段落文本和图文混排进行了简单的介绍。

第 7 章主要讲解如何对对象轮廓进行修饰与美化，其中主要讲解了轮廓设置，其次讲解了轮廓的常见管理以及如何应用笔刷工具调整轮廓。

第 8 章主要讲解 CorelDRAW X6 中图形的高级编辑与处理，包括图文框精确裁剪对象、图形的重新组合、图形边缘造型处理等内容。

第 9 章讲解图层与位图的应用。重点介绍了如何调整位图的颜色，其次介绍了如何应用图层、创建与编辑位图、位图的颜色变换与校正以及位图的处理等内容。

第 10 章介绍在 CorelDRAW X6 中使用不同的交互式工具如何为图形添加三维效果。

第 11 章介绍在 CorelDRAW X6 中符号的创建、编辑及管理。

第 12 章介绍在 CorelDRAW X6 中管理和打印文件的常用操作方法。

第 13 章介绍使用 CorelDRAW X6 中的功能及命令来制作实例。

本书主要有下列优点。

● 内容全面，几乎覆盖了所有的 CorelDRAW X6 相关基础知识。

- 语言通俗易懂，讲解清晰，前后呼应。以最小的篇幅、最易读懂的语言来讲述每一项功能和每一个实例。
- 实例丰富，技术含量高，与实践紧密结合。每一个实例都倾注了作者多年的实践经验，每一个功能都经过技术认证。
- 版面美观，图例清晰，并具有针对性。每一个图例都经过作者的精心策划和编辑。只要仔细阅读本书，从中就能学到很多知识和技巧。

本书主要由龚玉娟、于述平、李月洁担任主编，申延合、唐琳老师担任副主编，其他参与本书编写的还有刘蒙蒙、刘涛、高甲斌、荣立峰、王玉、刘峥、张云、任大为、罗冰、陈月娟、陈月霞、刘希林、黄健、黄永生、田冰、徐昊、温振宁、刘德生等老师，在此一并表示感谢。

由于作者水平有限，疏漏之处在所难免，恳切希望广大读者批评指正。

编　者

目　录

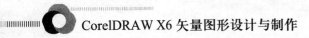

第 1 章

初识 CorelDRAW

本章要点：

- 文件的基本操作。
- 页面管理。
- 视图显示控制。
- 辅助功能的设置。

学习目标：

- 图形文件的管理。
- 学习基础知识。

1.1　初识 CorelDRAW X6

CorelDRAW X6 是一款功能强大的图形设置软件，平时我们看到的杂志排版、电影海报、产品商标、插图描画，有许多都是设计师们使用 CorelDRAW 设计的。如今 CorelDRAW 已经成为每个设计师必装的软件。

1.1.1　软件简介

CorelDRAW X6 是一款专业图形设计软件，专用于矢量图形编辑与排版。借助其丰富的内容和专业图形设计、照片编辑和网站设计软件，能够随心所欲地表达自己的风格与创意，轻松创作徽标标志、广告标牌、车身贴和传单，还可完成模型绘制、插图描画、排版及分色输出等。

CorelDRAW 最早是运用于 PC 机上的图形设计软件，并迅速在图形设计软件市场中独树一帜。随着数码时代的不断进步和发展。Corel 公司为适应市场的要求，不断开发出新版本，使其在图形设计软件领域中的地位更加巩固。

1.1.2　软件应用领域

CorelDRAW 的应用涉及平面广告设计、工业设计、企业形象设计、产品包装及造型设计、网页设计、插画设计以及印刷制版等多个领域。

1. 在平面广告设计中的应用

CorelDRAW 在平面中的作用就是表现使用者的创作意图。根据使用者水平的不同，所使用的方法和工具也不同。高手可以使用此软件进行各种产品设计，可以表现作者意图，在广告、杂志海报招贴等领域施展所长。使用 CorelDRAW 所设计的平面广告具有充满时代意识的新奇感，在表现手法上也有其独特性，如图 1-1 所示。

2. 在工业设计中的应用

CorelDRAW 也广泛应用于工业产品效果图表现方面，如图 1-2 所示。矢量图最大的优势就是修改起来方便快捷，图像处理软件 Photoshop 在处理图像和做各种效果上的优势是毋庸置疑的，但如果面对需要进行多次方案调整的产品效果图而言，与 CorelDRAW 相比就要逊色一些。

图 1-1　平面广告设计

图 1-2　工业设计

3. 在企业形象设计中的应用

企业形象设计又称 CI 设计。在企业形象设计方面，使用 CorelDRAW 可以设计企业 Logo、信纸、便笺、名片、工作证、宣传册、文件夹、账票、备忘录、资料袋等企业形象产品，能够满足企业形象的表现与宣传要求，如图 1-3 和图 1-4 所示。

图 1-3　企业形象设计效果图 1

图 1-4　企业形象设计效果图 2

4. 在产品包装及造型设计中的应用

包装在一定程度上决定着产品的品质，一个卓越的包装设计，既是高雅的艺术品，又是产品、公司乃至整个行业的形象。外观造型设计正是包装的灵魂，在生产、生活资料日益丰富的今天，通过外观造型设计完善包装的形状和内涵，可以吸引用户，创造更多可持续的商业价值。使用 CorelDRAW 进行如图 1-5 所示的产品包装设计，能够提高设计效率及品质，帮助企业在众多竞争品牌中脱颖而出。

5. 在网页设计中的应用

随着互联网的迅猛发展，网页设计在网站建设中处于重要地位。好的网页设计能够吸引更多的人浏览网站，从而增加网站流量。CorelDRAW 全方位的设计及网页功能可以使得网站页面更加绚丽夺目，如图 1-6 所示。

图 1-5　产品包装设计

图 1-6　网页设计

6. 在插画设计中的应用

在插画设计中经常会用到 CorelDRAW，如图 1-7 所示。用 CorelDRAW 绘制的矢量插画具有很强的形式美感，可以分解为层重新编辑，在放大和缩小时仍然清晰无比。

7. 在印刷制版中的应用

CorelDRAW 在印刷制版中的应用也很广泛，如图 1-8 所示。该软件的实色填充提供了各种模式的调色方案以及专色、渐变、位图、底纹填充；而该软件的颜色管理方案可以让显示、打印和印刷的颜色达到一致。

图 1-7　插画设计

图 1-8　在印刷制版中的应用

1.2　使用 CorelDRAW X6 前的操作

CorelDRAW X6 对系统的要求较高，在安装与使用 CorelDRAW X6 之前，首先要了解一下 CorelDRAW X6 对系统的基本要求。

- 操作系统：Windows 7(32 位或 64 位)、Windows Vista(32 位或 64 位)或 Windows XP(所有版本)。
- CPU：Pentium 4 或 AMD Athlon 64(或更高)。
- 内存容量：1GB 或更高。
- 硬盘容量：80GB 或更高。
- 显示器：1024 像素×768 像素或更高。
- 驱动器：DVD-ROM。

1.2.1　安装与卸载 CorelDRAW X6

首先讲解如何安装 CorelDRAW X6，其具体操作步骤如下。

（1）根据自己的计算机配置选择 32 位版本或 64 位版本，然后单击安装程序进入 CorelDRAW X6 的安装界面，等待程序初始化，如图 1-9 所示。

（2）等待初始化完毕后，进入用户许可协议界面，单击【我接受】按钮，如图 1-10 所示。

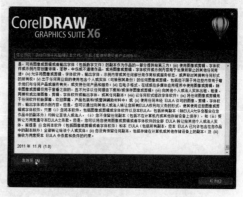

图 1-9　等待程序初始化　　　　　　　　　图 1-10　单击【我接受】按钮

（3）在弹出的对话框中选中第一个单选按钮，并在【序列号】文本框中输入序列号进行安装，如果用户没有序列号，也可以选中【我没有序列号，我想试用产品】单选按钮，然后单击【下一步】按钮，如图 1-11 所示。

（4）此时会弹出 CorelDRAW X6 的安装选项，选中【自定义安装】单选按钮，然后单击右下角的 Cancel 按钮，如图 1-12 所示。

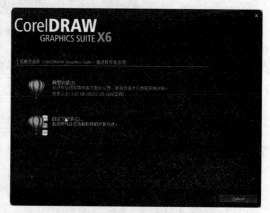

图 1-11　输入序列号或选择安装试用版　　　图 1-12　自定义安装 CorelDRAW X6

（5）在所弹出的对话框中，单击【选项】按钮，然后单击【更改】按钮，选择 CorelDRAW X6 软件安装位置，如图 1-13 所示。

（6）安装路径选择完成后，单击右下角的【现在开始安装】按钮，CorelDRAW X6 会自动弹出安装进程界面，如图 1-14 所示，安装过程需等待几分钟。

图 1-13　CorelDRAW X6 选择安装路径

图 1-14　安装进程界面

（7）安装完成后，会显示一个安装完成界面，如图 1-15 所示。

图 1-15　完成安装界面

（8）单击【完成】按钮，完成 CorelDRAW X6 的安装。

提示：在安装 CorelDRAW X6 的时候，必须确保没有其他版本的 CorelDRAW 正在运行，否则将无法继续进行安装。

1.2.2　卸载 CorelDRAW X6

安装完成后，若要卸载 CorelDRAW X6 软件，用户可以按以下步骤进行操作。

（1）选择【开始】|【控制面板】命令，弹出【控制面板】窗口，然后单击【程序】下方的【卸载程序】选项，如图 1-16 所示。

（2）在弹出的界面中选择 CorelDRAW X6 的安装程序，单击鼠标右键，在弹出的快捷菜单中选择【卸载/更改】命令，如图 1-17 所示。

图 1-16　单击【卸载程序】选项

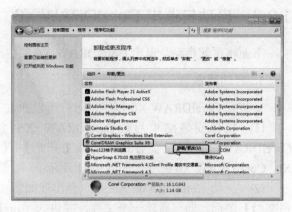

图 1-17　选择【卸载/更改】命令

(3)　在弹出的界面中等待程序初始化，如图 1-18 所示。

(4)　进入卸载界面后，选中【删除】单选按钮，并在下方选中【删除用户文件】复选框，单击【移除】按钮，如图 1-19 所示。

图 1-18　等待程序初始化

图 1-19　选中【删除】单选按钮

(5)　即可卸载 CorelDRAW X6，在此需要等待几分钟，如图 1-20 所示。

图 1-20　等待卸载

1.2.3　启动与退出 CorelDRAW X6

下面将讲解启动与退出 CorelDRAW X6 的方法。

1. 启动程序

安装好 CorelDRAW X6 程序，用户可以通过下面的方法启动程序。

（1）软件安装结束后，CorelDRAW X6 会自动在 Windows 程序组中添加一个 CorelDRAW X6 的快捷方式。选择【开始】|【所有程序】|CorelDRAW Graphics Suite X6|CorelDRAW X6 命令，如图 1-21 所示。

（2）启动 CorelDRAW X6 后，会出现如图 1-22 所示的欢迎屏幕界面，单击【新建空白文档】图标，即可新建一个文件，并进入 CorelDRAW 的工作界面。这样，CorelDRAW X6 程序就启动完成了。

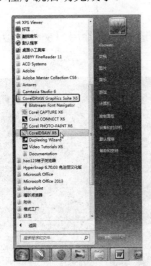

图 1-21　在程序菜单中启动

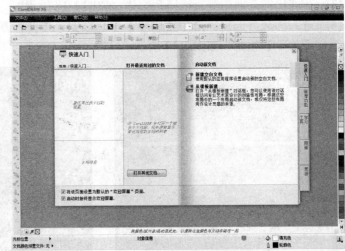

图 1-22　欢迎屏幕界面

提示：用户也可以双击桌面上的 CorelDRAW X6 图标，直接打开 CorelDRAW X6 欢迎界面。

2. 退出程序

退出 CorelDRAW X6 程序的方法如下。

- 如果程序窗口中的文档已经全部关闭，则选择【文件】|【退出】命令，即可直接将 CorelDRAW X6 程序关闭。
- 如果程序窗口中还有文件没有保存，并且需要保存时，请先将其保存；如果不需要保存，则可以选择【文件】|【退出】命令，在弹出的提示对话框中单击【否】按钮，退出 CorelDRAW X6 程序。

1.3　认识 CorelDRAW X6 的工作界面

在学习与使用 CorelDRAW 软件之前，应先熟悉其工作环境，下面就来介绍一下

CorelDRAW X6 程序默认的工作界面。

CorelDRAW X6 的工作界面主要由标题栏、菜单栏、工具栏、属性栏、标尺栏、工具箱、文档导航器、状态栏、绘图窗口(包括绘图页和草稿区)、导航器、泊坞窗和调色板等组成，如图 1-23 所示。

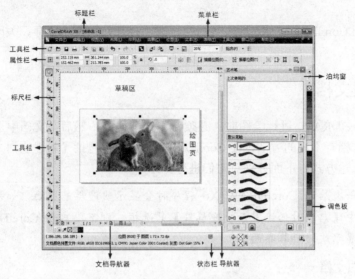

图 1-23　CorelDRAW X6 的工作界面

- 标题栏：显示打开的文档标题。
- 菜单栏：包含下拉菜单和命令选项。
- 工具栏：包含菜单和其他命令的快捷方式。
- 属性栏：包含与活动工具或对象相关的命令。
- 标尺栏：具有标记的校准线，用于确定绘图窗口中对象的大小和位置。
- 工具箱：包含在绘图窗口中创建和修改对象的工具。
- 文档导航器：包含在页面之间移动和添加页面的控件的区域。
- 状态栏：位于 CorelDRAW X6 界面的底部，用于显示页面上被选择对象的信息(包括色彩、位置大小和工具的种类等)。
- 绘图页、草稿区：在绘制或编辑图像的过程中，细心的用户可以发现，在绘图页和草稿区中都可以绘制图形。实际上，绘图页即设置的页面区域，是将来可以被打印的区域，而草稿区中虽然也能绘制对象，但对象不能被打印。在 CorelDRAW X6 中进行绘制时，通常将草稿区作为一个临时对象的存放区域。
- 导航器：可打开一个较小的显示窗口，用于在绘图窗口上进行移动操作。
- 泊坞窗：包含与特定工具或任务相关的可用命令和设置窗口。
- 调色板：包含色样的泊坞栏。

窗口控制按钮的功能如下。

- 【最小化】按钮 ⬜：在程序窗口中单击该按钮，可以将窗口缩小并存放到 Windows 的任务栏中。如果在任务栏中单击 🔲 按钮，则会将程序窗口还原。
- 【还原】按钮 ⬜：单击 🔲 按钮，窗口缩小为一部分并显示在屏幕中间，该按

钮变成 ，此时称为最大化按钮。单击 按钮，则窗口放大并且覆盖整个屏幕。
● 【关闭】按钮 ：单击该按钮可以关闭程序窗口。

1.4　图形文件的管理

本节将介绍 CorelDRAW X6 程序文档的新建、打开、切换、保存、关闭、导入与导出等一些基本操作。

1.4.1　新建文档

在使用 CorelDRAW 进行绘图前，必须新建一个文档，然后在文档中进行对象的绘制和编辑。新建文档有不同的方法，在 CorelDRAW X6 中就包括【新建空白文档】与【从模板新建】两种新建方式，下面分别对它们进行介绍。

提示：第一次启动 CorelDRAW X6 程序时会显示欢迎屏幕界面，如果用户此时取消选中【启动时始终显示欢迎屏幕】复选框，则下次启动 CorelDRAW X6 时不会显示欢迎屏幕界面。

1. 新建空白文档

新建空白文档的方法如下。
● 在欢迎屏幕界面单击【新建空白文档】按钮。
● 使用菜单栏：选择【文件】|【新建】命令，如图 1-24 所示。
● 使用工具栏：单击【新建】按钮 。
● 使用快捷键：按 Ctrl+N 组合键，选择【新建】命令。
只要使用上述任意一种方法，即可弹出【创建新文档】对话框，如图 1-25 所示，然后单击【确定】按钮，即可新建文档。

图 1-24　选择【新建】命令　　　　　图 1-25　【创建新文档】对话框

2. 从模板新建

CorelDRAW X6 提供了多种预设模板，这些模板已经添加了各种图形或者对象，可以在它们的基础上建立新的图形文件，然后对文件进行更深层的编辑处理，以便更快、更好地达到预期效果。

从模板新建文件的方法如下。

（1）在欢迎屏幕界面中单击【从模板新建】图标，或者选择【文件】|【从模板新建】命令，弹出【从模板新建】对话框。该对话框中提供了多种类型的模板文件，选择需要的模板，单击【打开】按钮，如图 1-26 所示。

（2）由模板新建的文件如图 1-27 所示，用户可以在该模板的基础上进行编辑、输入相关文字或执行绘图操作。

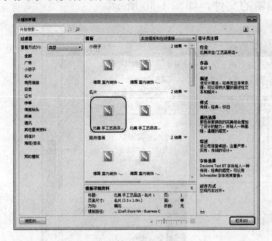

图 1-26　选择模板

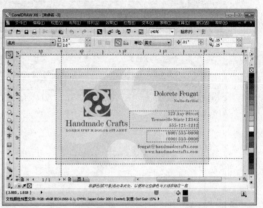

图 1-27　模板效果

1.4.2　打开文档

按 Ctrl+O 组合键，弹出如图 1-28 所示的【打开绘图】对话框，在查找范围下拉列表框中选择文件所在的文件夹，再在文件夹中选择所需的文件，然后单击【打开】按钮；也可以直接双击要打开的文件，即可将选择的文件在程序窗口中打开。打开后的效果如图 1-29 所示。

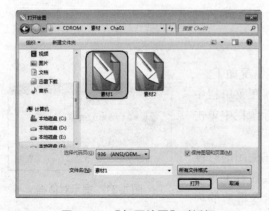

图 1-28　【打开绘图】对话框

图 1-29　打开文档

若要同时打开多个文件，可以在【打开绘图】对话框中按住 Ctrl 或 Shift 键后单击所需打开的文件，然后单击【打开】按钮。

1.4.3 文档窗口的切换

如果用户在程序窗口中打开了多个文件，就存在文件窗口的切换问题。

一种方式是从【窗口】菜单中选择要进行编辑的文件名称；另一种方式是选择【窗口】|【垂直平铺】或【水平平铺】命令，将打开的多个文件平铺，然后直接单击要进行编辑的绘图窗口，即可使该文件成为当前可编辑的文件，如图 1-30 所示。

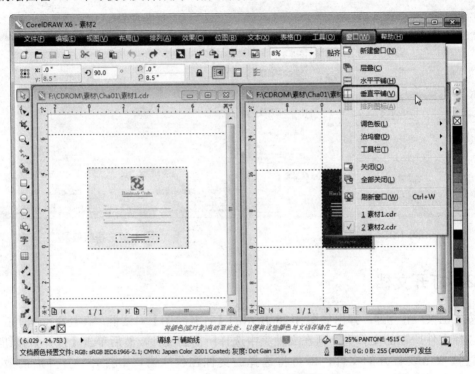

图 1-30　垂直平铺多个文件效果

1.4.4 保存与关闭文档

编辑好一个文档后，需要将其关闭，具体情况如下。

如果文档经过编辑后已经保存了，则只需在菜单栏中选择【文件】|【关闭】命令或在绘图窗口的标题栏中单击【关闭】按钮 ⊠，即可将文档关闭。

如果文档经过编辑后，尚未进行保存，在关闭的时候会弹出如图 1-31 所示的提示对话框。如果需要保存编辑后的内容，单击【是】按钮；如果不需要保存编辑后的内容，单击【否】按钮；如果不想关闭文件，单击【取消】按钮。

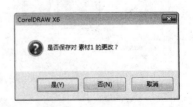

图 1-31　提示对话框

【实例 1-1】保存并关闭文件

下面将讲解如何保存并关闭文件，其具体操作步骤如下。

(1)　新建一个文档，随意绘制一个对象，如五角星，绘制完成后的效果如图 1-32 所示。

(2)　按 Ctrl+S 组合键，将其进行保存，弹出【保存绘图】对话框，设置保存路径，将【文件名】设置为"五角星"，单击【保存】按钮，如图 1-33 所示。

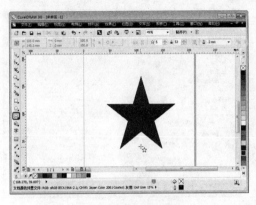

图 1-32　绘制图形

图 1-33　【保存绘图】对话框

(3)　这时，返回至文档中，单击 按钮，即可关闭文件。

1.4.5　导入与导出文档

当完成一个作品的制作之后，可以将其导出或者打印。导出与导入对象是应用程序间交换信息的途径。在导入或导出文档时，必须把该文档转换成其他程序所能支持的格式。

1. 导入文档

由于 CorelDRAW X6 是一款矢量绘图软件，一些文档无法用【打开】命令将其打开，此时就必须使用【导入】命令，将相关的位图打开。此外，矢量图形也可使用导入的方式打开。

在一般情况下，可以使用以下任意一种方法导入文档。

● 　使用菜单栏：选择【文件】|【导入】命令。

● 　使用工具栏：单击【导入】按钮 。

● 　使用快捷键：按 Ctrl+I 组合键，选择【导入】命令。

在导入文档时，如果只需要导入图片中的某个区域或者要重新设置图片的大小、分辨率等属性，可以在【导入】对话框右下角的下拉列表中选择【重新取样并装入】或【裁剪并装入】选项，如图 1-34 所示。

2. 导出文档

在 CorelDRAW 中完成文档的编辑后，使用【导出】命令可以将它保存为指定的格式类型。在一般情况下，也可以使用以下任意一种方法导出文档。

● 　使用菜单栏：选择【文件】|【导出】命令。

- 使用工具栏：单击【导出】按钮 。
- 使用快捷键：按 Ctrl+E 组合键，选择【导出】命令。

使用以上任意一种方法，即可弹出如图 1-35 所示的【导出】对话框，在【导出】对话框中指定文档导出的位置，在【保存类型】下拉列表框中选择要导出的格式，在【文件名】下拉列表框中输入导出的文件名。

图 1-34　下拉列表

图 1-35　【导出】对话框

【实例 1-2】导入图片

下面通过实例来讲解如何导入文档，其具体操作步骤如下。

(1) 新建一个空白文件，按 Ctrl+I 组合键，或者在工具栏中单击【导入】按钮，都可以弹出【导入】对话框。打开"素材\Cha01\旅游图片.JPG"素材文件，然后单击【导入】按钮，如图 1-36 所示。

(2) 出现如图 1-37 所示的文件大小等信息，将左上角的顶点图标移至图纸的左上角，按住鼠标左键，然后拖动鼠标指针至图纸的右下角，在合适位置释放鼠标左键即可确定导入图像的大小与位置，如图 1-38 所示。

(3) 导入的效果如图 1-39 所示，此时拖动图片周边的控制点，亦可调整其大小。

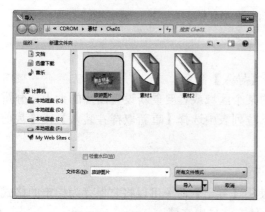

图 1-36　【导入】对话框

图 1-37　显示文件大小等信息

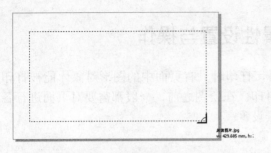

图 1-38　确定导入图像的大小和位置

图 1-39　导入的图片

【实例 1-3】导出图像文件为 TIF 格式

下面将讲解如何导出图形文件格式为 TIF 格式，其具体操作如下。

(1)　继续实例 1-1 的操作，按 Ctrl+E 组合键，弹出【导出】对话框，设置保存路径和文件名，将【保存类型】设置为【TIF-TIFF 位图】，单击【导出】按钮，如图 1-40 所示。

(2)　弹出【转换为位图】对话框，保持默认设置，单击【确定】按钮即可，如图 1-41 所示。

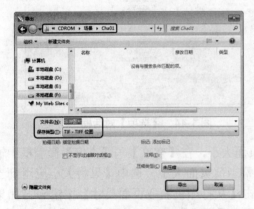

图 1-40　设置导出图像的类型

图 1-41　【转换为位图】对话框

(3)　保存完成后，即可预览效果，如图 1-42 所示。

图 1-42　预览效果

1.5　页面属性设置与操作

CorelDRAW X6 中的页面是指绘图页，打印时只有页面中的图形对象才能被打印出来，而页面外(草稿区)的图形对象不会被打印。在绘图之前，一般都需要对页面进行各种设置，包括页面大小与方向设置和页面背景设置。

1.5.1　页面大小与方向设置

在菜单栏中选择【布局】|【页面设置】命令，如图 1-43 所示，弹出【选项】对话框。在左侧列表框中选择【页面尺寸】，在右边栏中就会显示与它相关的设置参数，如图 1-44 所示。

图 1-43　选择【页面设置】命令

图 1-44　【选项】对话框

在【大小】下拉列表框中选择所需的预设页面大小，在【宽度】与【高度】微调框中输入所需的数值，自定义页面大小；如果只需调整当前页面大小，选中【只将大小应用到当前页面】复选框；如果需要从打印机设置，单击【从打印机获取页面尺寸】按钮 ；如果需要添加页框，单击【添加页框】按钮；如果要将页面设为横向，单击【横向】按钮 。

【实例 1-4】设置页面的大小和方向

本例将介绍如何对页面的大小与方向进行设置，其具体操作步骤如下。

(1) 按 Ctrl+N 组合键，弹出【创建新文档】对话框，将【宽度】设置为 400mm，【高度】设置为 297mm，此时系统将自动切换至【横向】按钮上，如图 1-45 所示。

(2) 设置完成后，单击【确定】按钮，进入工作界面。在属性栏中单击【页面大小】下拉按钮，在弹出的下拉列表中选择预设的页面大小，如图 1-46 所示。

(3) 在属性栏中通过设置页面的宽度和高度，也可以设置页面的大小。在这里将【宽度】设置为 250mm，【高度】设置为 420mm 此时文档的方向自动切换至【纵向】按钮上，如图 1-47 所示。

(4) 在属性栏中单击【横向】按钮，页面度量的宽度和高度将会互换，文档会变为横向文档，效果如图 1-48 所示。

图 1-45　【创建新文档】对话框

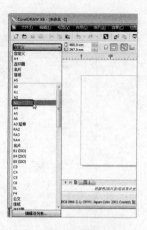

图 1-46　设置页面大小

图 1-47　设置页面

图 1-48　调整方向

1.5.2　页面背景设置

设置完页面大小后，还可以设置页面的背景。可以将纯色作为背景，也可导入位图作为背景。在菜单栏中选择【布局】|【页面背景】命令，弹出【选项】对话框，在该对话框中可以设置页面背景，如图 1-49 所示。

下面讲解一下【纯色】填充和【位图】填充的区别。

- 选中【纯色】单选按钮，单击后面的下三角按钮，在弹出的调色板中可以选择需要的颜色，然后单击【确定】按钮，可以为页面设置纯色背景。
- 选中【位图】单选按钮，再单击【浏览】按钮，弹出【导入】对话框，然后选择需要的图像，单击【导入】按钮，返回至【选项】对话框，在【来源】选项组中输入位图的名称。在【位图尺寸】选项组中选中【自定义尺寸】单选按钮，在【水平】与【垂直】微调框中可设置页面背景的大小，完成后单击【确定】按钮，即可为页面设置背景图像。

图 1-49 在【选项】对话框设置页面背景

【实例 1-5】添加页面背景

下面通过实例来讲解如何添加页面背景，其具体操作步骤如下。

(1) 新建一个【宽度】为 400mm、【高度】为 297mm 的文档，按 Ctrl+J 组合键，弹出【选项】对话框，在对话框的左侧选择【文档】|【背景】选项，就会在右侧显示它的相关设置参数，选中【位图】单选按钮，再单击【浏览】按钮，如图 1-50 所示。

(2) 打开"素材\Cha01\背景.jpg"素材文件，单击【导入】按钮，如图 1-51 所示。

图 1-50 单击【浏览】按钮

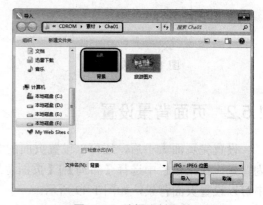

图 1-51 选择素材文件

(3) 返回至【选项】对话框，此时【来源】选项组呈活动状态，并且还显示了导入位图的路径。在【位图尺寸】选项组中选中【自定义尺寸】单选按钮，取消选中【保持纵横比】复选框，设置【水平】和【垂直】值为 297、210，如图 1-52 所示。设置完成后单击【确定】按钮。

(4) 在绘图页中查看效果，如图 1-53 所示。

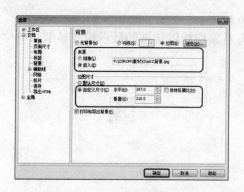

图 1-52　设置位图尺寸

图 1-53　查看效果

1.6　视图显示控制

在进行创作的过程中，经常要对视图进行放大以观察局部细节，或缩小以查看整体版面或者改变页面的显示模式。下面介绍视图显示控制的方法。

1.6.1　视图的显示模式

在图形绘制的过程中，需要以适当的方法查看绘制的效果。在【视图】菜单中提供了8 种图形的显示模式：【简单线框】、【线框】、【草稿】、【正常】、【增强】、【像素】、【模拟叠印】和【光栅化复合效果】，如图 1-54 所示。

- 简单线框：通过隐藏填充、立体模型、轮廓图阴影以及中间调和形状来显示绘图的轮廓，也以单色显示位图。使用此模式可以快速预览绘图的基本原色，如图 1-55 所示。

- 线框：在简单的线框模式下显示绘图及中间调和形状。

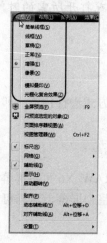

图 1-54　显示模式

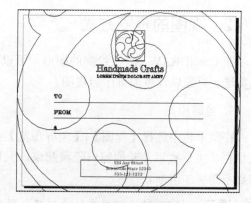

图 1-55　简单线框

- 草稿：显示低分辨率的填充和位图。使用此模式可以消除某些细节，使用户能够关注绘图中的颜色均衡问题，如图 1-56 所示。

● 正常：在该显示模式下，页面中的所有对象均能以常规的显示模式显示，但位图将以高分辨率显示，如图 1-57 所示。

图 1-56　草稿显示模式效果　　　　　　图 1-57　正常显示模式效果

● 增强：在该显示模式下，采用两倍超精度的方法来达到最佳的显示效果。但是该显示模式对电脑性能要求很高，因此，如果电脑的内存太小或速度太慢，显示速度会明显降低。一般在绘制较小的对象或最后预览效果时才使用该模式。

● 像素：显示了基于像素的绘图，允许用户放大对象的某个区域来更准确地确定对象的位置和大小。此视图还可以让用户查看导出为位图文件格式的绘图。

● 模拟叠印：模拟重叠对象设置为叠印的区域颜色，并显示 PostScript 填充、高分辨率位图和光滑处理的矢量图形。

● 光栅化复合效果：光栅化复合效果的显示，如【增强】视图中的透明、斜角和阴影。该选项对于预览复合效果的打印情况是非常有用的。为确保成功打印复合效果，大多数打印机都需要光栅化复合效果。

提示：选择的查看模式会影响打开绘图或在显示器上显示绘图所需的时间。例如，在【简单线框】视图中显示的绘图，其刷新或打开所需的时间比【模拟叠印】视图少。

1.6.2　视图的预览方式

在 CorelDRAW X6 中绘制的图形，可以使用 3 种预览方式进行预览，即全屏预览、只预览选定对象以及页面排序器视图。

1. 全屏预览

在菜单栏中选择【视图】|【全屏预览】命令，CorelDRAW X6 可将屏幕上的工具箱、菜单栏、工具栏以及其他窗口隐藏起来，只以绘图页充满整个屏幕，这样可以使图形的细节显示得更加清晰。

提示：按 F9 键，可以直接执行【全屏预览】命令。

2. 只预览选定对象

使用【选择工具】在绘图页中选择将要显示的一个或多个对象，然后在菜单栏中选择【视图】|【只预览选定的对象】命令，即可对所选对象进行全屏预览。

3. 页面排序器视图

在 CorelDRAW X6 中创建了多个页面，此时可在菜单栏中选择【视图】|【页面排序器视图】命令，对文件中包含的所有页面进行预览。

1.6.3　视图的缩放控制

用户可以利用工具箱中的【缩放工具】及其属性栏来放大或缩小页面的显示，如图 1-58 所示。

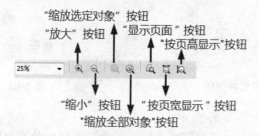

图 1-58　【缩放工具】属性栏

● 单击【放大】按钮或【缩小】按钮，可以用来放大或缩小页面显示。用鼠标在页面上单击，可以以单击点为中心放大，按住 Shift 键可以切换为缩小。按住鼠标左键不放，在图像上拖移出来虚线范围，如图 1-59 所示，则会放大拖移出来虚线区域，如图 1-60 所示。反之如果处于【缩小】按钮时，按住鼠标左键不放，在图像上拖移，则会显示相应的显示区域。

图 1-59　拖移放大局部区域

图 1-60　放大后的局部区域

● 选中要缩放的对象，单击【缩放选定对象】按钮，可以使被选中的对象以合适的窗口大小显示。

● 【缩放全部对象】按钮、【页面显示】按钮、【按页宽显示】按钮、【按页高显示】按钮，可以分别使全部对象以合适窗口的大小显示，包括按照页面大小显示、按页面宽度显示，或按页面高度显示，读者自行尝试就清楚了。

【实例 1-6】放大和缩小图形

下面通过实例来讲解如何放大和缩小图形，其具体操作步骤如下。

(1) 打开"素材\Cha01\卡通水果.cdr"素材文件，如图 1-61 所示。

(2) 单击【缩放工具】按钮 🔍，拖动鼠标选择第二行的水果，如图 1-62 所示。

图 1-61　打开素材文件

图 1-62　拖动鼠标

(3) 放大后的效果如图 1-63 所示。

(4) 单击 🔍 (缩小)按钮，可以将对象缩小显示，此时的效果如图 1-64 所示。

图 1-63　放大后的效果

图 1-64　缩小后的效果

1.7　使用辅助工具

标尺、网格和辅助线用于辅助绘制对象，使用这些辅助设置可使对象精确对齐并按指定的直线移动。

1.7.1　使用标尺

默认设置下，工作界面中将显示标尺。如果标尺未显示，在菜单栏中选择【视图】|

【标尺】命令，即可显示。标尺可以看作一个由 X 轴(水平标尺)和 Y 轴(垂直标尺)组成的坐标系，其中水平标尺位于页面上方，而垂直标尺位于页面左侧。

1. 更改坐标原点的位置

默认设置下，坐标原点在页面的左上角。如果要改变坐标原点的位置，在水平与垂直标尺交界的 标记处按住鼠标左键向页面中拖动，在适当位置松开鼠标，该位置即为新的坐标原点。

如果要恢复坐标原点的初始位置，将鼠标指针移至水平标尺与垂直标尺交界的 标记上，双击鼠标即可。

2. 设置标尺的单位

默认设置下标尺的单位为毫米。如果要设置标尺的单位，可在标尺上单击鼠标右键，从弹出的快捷菜单中选择【标尺设置】命令，弹出【选项】对话框，在【单位】选项组中的【水平】下拉列表框中选择标尺的单位，如厘米、像素与英寸等，单击【确定】按钮即可。

【实例 1-7】设置标尺单位和微调距离

下面将讲解如何设置标尺单位和微调距离，其具体操作步骤如下。

(1) 打开"素材\Cha01\素材 2.cdr"素材文件，选择背景图片，在菜单栏中选择【工具】|【选项】命令，如图 1-65 所示。

(2) 弹出【选项】对话框，在【单位】选项组中的【水平】下拉列表框中选择【厘米】选项，这时可以发现【微调】参数发生了变化，如图 1-66 所示。

图 1-65　选择【选项】命令

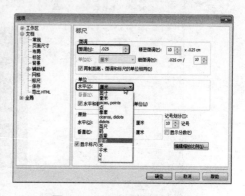

图 1-66　设置【标尺】参数

(3) 单击【确定】按钮后，即可将标尺的单位设置成需要的单位，如图 1-67 所示。

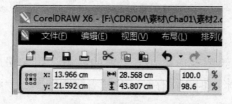

图 1-67　设置完成后的效果

1.7.2 使用网格

下面将讲解如何使用网格，其具体操作步骤如下。

(1) 打开"素材\Cha01\素材 2.cdr"素材文件，按 Ctrl+J 组合键，弹出【选项】对话框，选择【网格】选项，然后对其进行设置，如图 1-68 所示。

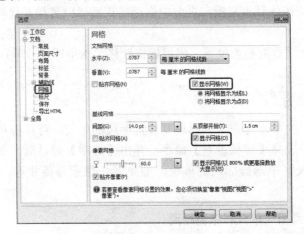

图 1-68　设置网格

(2) 单击【确定】按钮，效果如图 1-69 所示。

图 1-69　完成后的效果

1.7.3 使用辅助线

辅助线是可以放置在绘图窗口中任何位置的线条，用来帮助放置对象。在打印文件时，辅助线不会被打印出来，但在保存时，会随着绘制的图形一起保存。

1. 手动添加辅助线

如果要添加辅助线，将鼠标指针移至标尺上，按住鼠标左键拖动到绘图页后松开鼠标即可。从水平标尺上拖动鼠标可添加水平辅助线，从垂直标尺上拖动鼠标可添加垂直辅助线。

2. 精确添加辅助线

按 Ctrl+J 组合键，弹出【选项】对话框，在左侧列表框中选择【辅助线】|【水平】选项，在右侧的【水平】文本框中输入数值，单击【添加】按钮，然后单击【确定】按钮，即可精确添加辅助线，如图 1-70 所示。

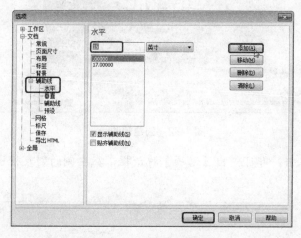

图 1-70　精确添加辅助线

【实例 1-8】添加辅助线

下面将讲解如何添加辅助线，其具体操作步骤如下。

(1) 打开"素材\Cha01\辅助线-素材.cdr"素材文件，移动鼠标指针到水平标尺上，按住鼠标左键不放，向下拖动，如图 1-71 所示。

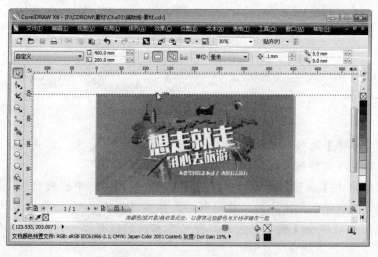

图 1-71　向下拖动辅助线

(2) 释放鼠标即可创建一条水平的辅助线，效果如图 1-72 所示。

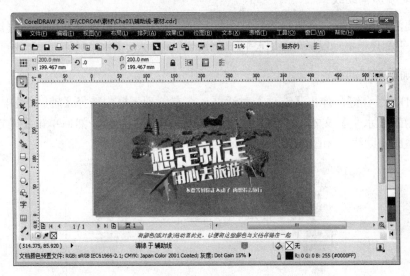

图 1-72　创建辅助线

(3) 在标尺上双击，即可弹出【选项】对话框，在左侧的列表框中展开【辅助线】选项，如图 1-73 所示。

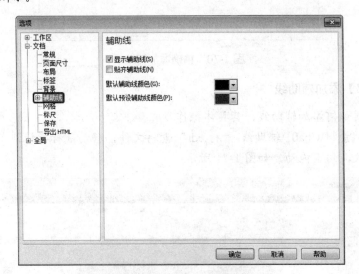

图 1-73　【选项】对话框

(4) 选择【水平】选项，在右侧的【水平】文本框中输入 50，单击【添加】按钮，即可将该数值添加到下方的列表框中，如图 1-74 所示。

(5) 在左侧单击【垂直】选项，在右侧的【垂直】文本框中输入 120，单击【添加】按钮，即可将该数值添加到下方的列表框中，如图 1-75 所示。

(6) 设置完成后单击【确定】按钮，即可在相应的位置添加辅助线，效果如图 1-76 所示。

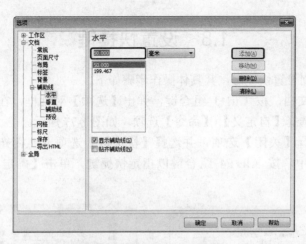

图 1-74 设置水平辅助线参数

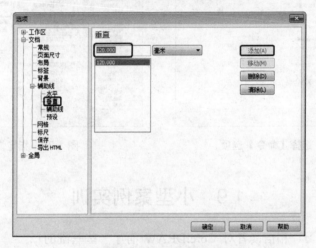

图 1-75 设置垂直辅助线参数

图 1-76 完成后的效果

1.8 设置快捷键

下面将讲解如何设置快捷键，其具体操作步骤如下。

(1) 新建一个文档，按 Ctrl+J 组合键，弹出【选项】对话框，在左侧列表框中展开【工作区】选项，选择【自定义】|【命令】选项，如图 1-77 所示。

(2) 在右侧选择【关闭】选项，并选择【快捷键】选项卡，将光标置于【新建快捷键】下方的文本框中，按 Alt+F4 组合键以指定快捷键，单击【确定】按钮，如图 1-78 所示。

图 1-77　选择【命令】选项

图 1-78　指定快捷键

1.9 小型案例实训

通过本章的学习，相信读者对 CorelDRAW 有了一些基础的认识。下面通过两个小型案例来巩固本章所学习的知识。

1.9.1 制作卡通圆表

首先来学习如何制作卡通圆表，效果如图 1-79 所示。

(1) 启动 CorelDRAW X6 软件，按 Ctrl+N 组合键，将【宽度】和【高度】分别设置为 297mm、250mm，单击【确定】按钮，如图 1-80 所示。

图 1-79　卡通圆表

(2) 在工具箱中单击【椭圆形工具】按钮 ，按住 Ctrl 键拖动鼠标绘制一个正圆，如图 1-81 所示。

(3) 在工具箱中单击【渐变填充】按钮 ，弹出【渐变填充】对话框，将【类型】设置为【正方形】，将【中心位移】下方的【水平】设置为 39%，将【垂直】设置为-4%，将【从】的颜色值设置为青色，如图 1-82 所示。

(4) 设置完成后的效果如图 1-83 所示。

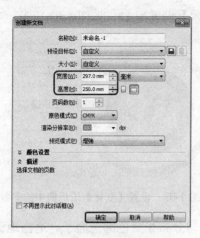

图 1-80　创建新文档

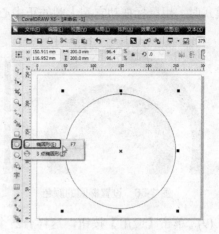

图 1-81　绘制正圆

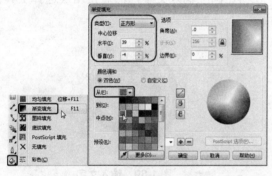

图 1-82　设置【渐变填充】

图 1-83　设置完成后的效果

(5)　选择绘制的圆，按小键盘上的加号键(+)，复制一个圆。选择复制后的圆，按住 Shift 键拖动右上角的角点，根据需要改变圆的大小，将颜色设置为白色，如图 1-84 所示。

(6)　使用同样的方法，复制一个蓝色和黄色的圆，并适当地调整其大小，如图 1-85 所示。

图 1-84　绘制圆

图 1-85　设置完成后的效果

(7)　拉出两条经过圆心的辅助线，选择【椭圆形工具】按住 Ctrl 键并拖动鼠标绘制一个小圆，在调色板中选择颜色，使用【选择工具】调整好位置，如图 1-86 所示。

(8)　选中绘制的圆，按 Alt+F8 组合键，在【变换】泊坞窗中设置【角度】为 30°，选中【相对中心】复选框，并且选择正中心。用鼠标单击小圆，当小圆上的调节框出现旋转模式时，用鼠标拖动它到大圆的正中心，将【副本】设置为 12，如图 1-87 所示。

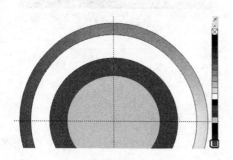

图 1-86　设置椭圆的颜色

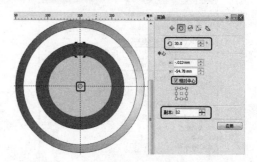

图 1-87　设置【变化】泊坞窗中的参数

(9)　单击【应用】按钮，这样 12 个小圆就均匀分布在蓝色圆上面了。适当地调整圆的位置，如图 1-88 所示。

(10) 单击工具箱的【文本工具】按钮，在白色圆上输入文字，然后使用【选择工具】进行位置调整，如图 1-89 所示。

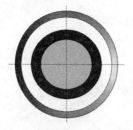

图 1-88　调整后的效果

图 1-89　输入文字

(11) 在工具箱单击【3 点矩形工具】按钮，在页面中按住鼠标左键拖动出一条线段后释放，该线段将作为矩形的一条边。再向右移动鼠标并单击，以确定矩形的另一边，如图 1-90 所示。

(12) 按 Ctrl+Q 组合键，然后在工具箱中选择【形状工具】，选择左顶点按 Delete 键删除，如图 1-91 所示。

(13) 再选择右顶点，按方向键向左调节，如图 1-92 所示。

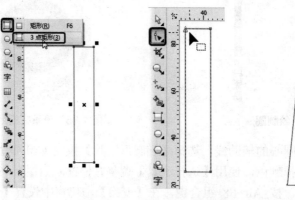

图 1-90　绘制 3 点矩形　　图 1-91　删除点　　图 1-92　调整点

(14) 按 F11 键，弹出【渐变填充】对话框，设置【类型】为【线性】，将【从】的颜色值设置为热粉色，如图 1-93 所示。

(15) 调节大小，用【选择工具】和方向键将指针形状放到合适的位置。用＋号键复制一个，在【变换】泊坞窗中将【旋转】设置为-90°，调整大小和位置，如图 1-94 所示。

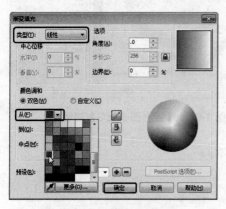

图 1-93 设置【渐变填充】

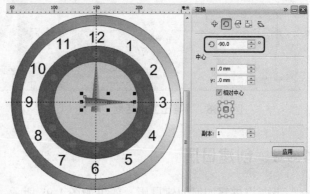

图 1-94 调整对象的位置

(16) 使用【椭圆形工具】绘制正圆，按 F11 键，弹出【渐变填充】对话框，将【类型】设置为【辐射】，将【中心位移】选项组的【水平】和【垂直】分别设置为-7%、-4%，将【从】的颜色值设置为 80%黑，如图 1-95 所示。

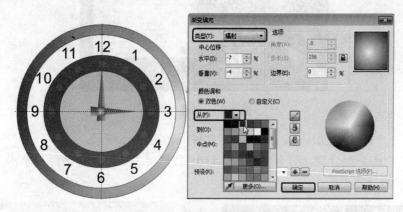

图 1-95 设置【渐变填充】

(17) 按 Ctrl+E 组合键，弹出【导出】对话框，设置保存路径，将【文件名】设置为"卡通圆表"，将【保存类型】设置为【JPG-JPEG 位图】，单击【导出】按钮，如图 1-96 所示。

(18) 弹出【导出到 JPEG】对话框，单击【确定】按钮，即可导出图像，如图 1-97 所示。

图 1-96　【导出】对话框

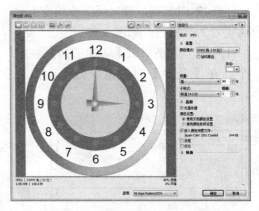

图 1-97　【导出到 JPEG】对话框

1.9.2　创建日历

下面将讲解如何创建日历，效果如图 1-98 所示。

图 1-98　创建日历

(1)　打开"素材\Cha01\日历.cdr"素材文件，如图 1-99 所示。

(2)　按 Ctrl+I 组合键，打开"素材\Cha01\背景 1.JPG"素材文件，单击【导入】按钮，如图 1-100 所示。

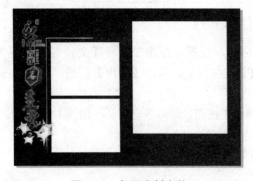

图 1-99　打开素材文件

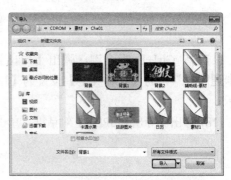

图 1-100　选择要导入的素材文件

(3)　导入后的效果如图 1-101 所示。

(4)　使用同样的方法，导入【背景 2】素材文件，如图 1-102 所示。

图 1-101　导入后的效果　　　　　　　图 1-102　导入【背景 2】素材文件

(5)　使用【文本工具】输入文字，将【字体】设置为【黑体】，将【字体大小】设置为 24pt，如图 1-103 所示。

(6)　再次输入文字，将【字体】设置为【隶书】，将【字体大小】设置为 36pt，如图 1-104 所示。

图 1-103　设置文字的字体和字号(1)　　　图 1-104　设置文字的字体和字号(2)

(7)　使用同样的方法输入其他的文字，并在【调色板】中设置字体的颜色，如图 1-105 所示。

(8)　最后将其导出即可。

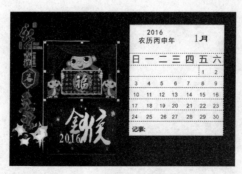

图 1-105　设置完成后的效果

本 章 小 结

本章主要介绍了 CorelDRAW X6 中文件的基本操作、页面的设置、CorelDRAW X6 中视图的显示以及辅助工具的设置。通过本章的学习,用户应该了解 CorelDRAW X6 的组成,并掌握其基本操作,为进一步深入学习 CorelDRAW X6 做好准备。

习 题

1. 如何设置页面大小与页面颜色?
2. 如何导入文件为 JPG 格式?
3. 视图的预览方式有哪几种?

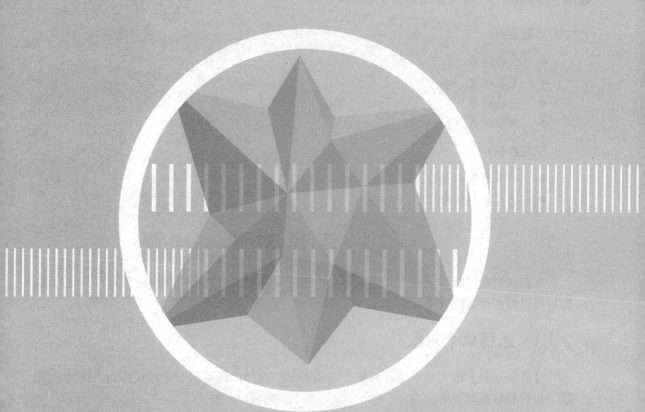

第 2 章

CorelDRAW 对象的基本操作

本章要点：

- 选择对象。
- 复制对象。
- 变换对象。
- 控制对象。

学习目标：

- 对象的基本操作。
- 通过实例学会操作。

2.1 选 择 对 象

在编辑对象过程中，必须先选定对象。通过选择对象，再利用相应的工具对其进行编辑，可以得到想要的效果。

2.1.1 选择单个对象

【选择工具】既可用于选择对象和取消对象的选择，还可用于交互式移动、延展、缩放、旋转和倾斜对象等。

在工具箱中单击【选择工具】按钮 ，如果在场景中没有选择任何对象，其属性栏如图 2-1 所示。如果选择了对象，则会显示与选择对象相关的选项。

图 2-1 【选择工具】的属性栏

【选择工具】主要用来选取图形和图像。当选中一个图形或图像时，可对其进行旋转、缩放等简单的操作。

下面将通过实例进行简单的讲解，具体操作步骤如下。

(1) 工具箱中单击【复杂星形工具】按钮 ，在属性栏中将【点数或边数】设置为 9，如图 2-2 所示。

图 2-2 属性栏

(2) 然后在绘图页中绘制复杂星形，并对其填充任意颜色，效果如图 2-3 所示。

(3) 单击工具箱中的【选择工具】按钮 ，然后在场景中选择上面绘制的星形，选中显示效果如图 2-4 所示。

图 2-3　绘制复杂星形

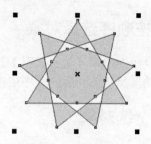

图 2-4　选择复杂星形

提示：利用属性栏可以调整对象的位置、大小、缩放比例、调和步数、旋转角度、水平与垂直角度、轮廓宽度和轮廓样式等。

2.1.2　选择多个对象

在实际的操作中，往往需要选中多个对象同时进行编辑。选择多个对象的方法有以下几种。

- 在工具箱中单击【选择工具】按钮，然后按住鼠标左键在场景中拖曳虚线矩形范围，然后松开鼠标，凡是在选框内的对象都将被选中。
- 在工具箱中单击【手绘选择工具】按钮，按住鼠标在场景中绘制一个不规则的范围，范围内的对象将被全部选中。
- 在工具箱中单击【选择工具】按钮，按住 Shift 键在场景中逐一选择对象即可。

【实例 2-1】选择多个对象

下面将通过实例讲解如何选择多个对象，具体操作如下。

(1) 在菜单栏中选择【文件】|【打开】命令，在弹出的对话框中打开 "素材\Cha02\选择多个对象素材.cdr" 素材文件，单击工具箱中的【选择工具】按钮，移动鼠标指针到适当的位置按下鼠标左键拖出一个虚框，如图 2-5 所示。

(2) 框选需要选择的对象后，松开鼠标即可选中完全处于选框内的对象，效果如图 2-6 所示。

图 2-5　框选对象

图 2-6　选择多个对象

2.1.3 按顺序选择对象

在工具箱中单击【选择工具】按钮 ，然后选中最上面的对象，再按键盘上面的 Tab 键，将自动按照从前到后的顺序依次选择将要编辑的对象。

2.1.4 全选对象

当用户想要选择文件中的所有对象时，可以使用全选的方法进行选择，具体方法有如下几种。

- 在工具箱中单击【选择工具】按钮 ，使用鼠标在所有对象的外围拖曳虚线矩形，松开鼠标即可选中所有的对象。
- 在工具箱中双击【选择工具】按钮 或【手绘选择工具】按钮 ，可以快速地全选所有对象。
- 在菜单栏中选择【编辑】|【全选】|【对象】命令，即可全选对象。
- 按 Ctrl+A 组合键，即可选择场景中的所有对象。

【实例 2-2】选择所有对象

下面将通过实例讲解如何选择所有对象，具体操作步骤如下。

(1) 按 Ctrl+O 组合键，打开"素材\第 2 章\选择全部对象.cdr"素材文件，如图 2-7 所示。

(2) 在菜单栏中选择【编辑】|【全选】|【对象】命令，如图 2-8 所示。

(3) 将场景中的所有对象全部选中的显示效果如图 2-9 所示。

图 2-7　打开素材文件

图 2-8　选择【对象】命令

图 2-9　选中所有对象

2.1.5 取消对象的选择

如果想取消对全部对象的选择，在场景中的空白处单击即可；如果想取消场景中对某个或某几个对象的选择，可以在按住 Shift 键的同时单击要取消选择的对象。

(1) 继续 2.1.4 节的操作，将场景的所有对象选中后，按住 Shift 键，在工具箱中单击【选择工具】按钮 ，在场景中依次单击鱼对象，即可取消对鱼对象的选择，如图 2-10 所示。

(2) 继续按住 Shift 键，框选右上角的树对象，显示效果如图 2-11 所示。

图 2-10　取消鱼对象的选择

图 2-11　取消树对象的选择

2.2　复　制　对　象

在 CorelDRAW X6 中提供了两种复制的类型，一种是对象的复制，就是将对象复制或剪切到剪贴板上，然后粘贴到绘图页中(包括基本复制和再制复制)；另一种是对对象属性的复制。将对象剪切到剪贴板时，对象将从绘图页中移除；将对象复制到剪贴板时，原对象保留在绘图页中；再制对象时，对象副本会直接放到绘图窗口中而非剪贴板上，并且再制的速度比复制和粘贴快。使用复制功能既节约时间，又提高了工作效率。

2.2.1　对象的基本复制

在 CorelDRAW X6 中对象的基本复制共有 6 种方式。

- 选中要复制的对象，在菜单栏中选择【编辑】|【复制】命令，然后在菜单栏中选择【编辑】|【粘贴】命令，在原始对象上进行覆盖复制。
- 选中要复制的对象，单击鼠标右键，在弹出的快捷菜单中执行【复制】命令；然后将光标移动到将要粘贴的位置处，再单击鼠标右键，在弹出的快捷菜单中选择【粘贴】命令即可。
- 选择对象，按 Ctrl+C 组合键，将原对象复制到剪贴板上；再按 Ctrl+V 组合键进行原位置粘贴。
- 选择对象，在小键盘上按+键，即可在原位置上面进行复制。
- 选择对象，在常用工具栏中单击【复制】按钮 📋，然后再单击【粘贴】按钮 📋，即可将对象进行原位置复制。
- 选择对象，用鼠标将其拖拽至空白位置处，当出现蓝色线框进行预览，如图 2-12 所示。然后在释放鼠标时，单击鼠标右键，完成复制。

图 2-12　预览效果

【实例 2-3】复制对象

下面将通过实例详细讲解如何复制对象，具体操作步骤如下。

(1) 打开"素材\Cha02\对象的基本复制素材.cdr"素材文件，如图 2-13 所示。

(2) 在工具箱中单击【选择工具】按钮，选择对象，如图 2-14 所示。

图 2-13　打开素材文件

图 2-14　选择对象

(3) 选择完成后，按下鼠标左键将其拖曳至合适的位置，然后按下鼠标右键，如图 2-15 所示。

(4) 释放鼠标右键即可将其复制。然后使用相同的方法进行复制，效果如图 2-16 所示。

图 2-15　拖曳鼠标

图 2-16　复制对象后的效果

2.2.2　再制对象

用户在进行制图的过程中，经常会用到再制对象进行底纹或是花边的制作。对象再制可以将对象按照一定的规律复制出多个对象，方法有以下两种。

● 首先选中要再制的对象，然后按住鼠标左键将选择的对象拖拽至一定的距离按鼠标右键确定复制，然后在菜单栏中选择【编辑】|【重复再制】命令，即可将对象按照前面移动的规律进行同样的再制。

● 在默认页面属性栏中，调整位移的【单位】类型(默认为毫米)，在属性栏中调整【微调距离】的偏离数值，然后在【再制距离】文本框中输入准确的数值，如图 2-17 所示。最后选中再制对象，按 Ctrl+D 组合键进行再制即可。

图 2-17　属性栏

【实例 2-4】再制对象

下面将通过实例讲解如何进行再制对象，具体操作步骤如下。

(1) 打开"素材\Cha02\再制对象素材.cdr"素材文件，如图 2-18 所示。

(2) 选中对象，按住鼠标左键将选择的对象拖曳至一定的距离按鼠标右键确定复制，如图 2-19 所示。

(3) 按 Ctrl+D 组合键进行多次再制复制，最终完成显示效果如图 2-20 所示。

图 2-18　打开素材文件　　　图 2-19　复制对象　　　图 2-20　再制复制

2.2.3　复制对象属性

在工具箱中单击【选择工具】按钮，然后选择对象，在菜单栏中选择【编辑】|【复制属性自】命令，弹出【复制属性】对话框。在该对话框中选中【轮廓笔】、【轮廓色】、【填充】复选框，如图 2-21 所示。设置完成后单击【确定】按钮，当光标变为➡时，移动到源文件位置单击鼠标左键完成属性的复制，如图 2-22 所示。复制后的显示效果如图 2-23 所示。

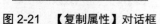

图 2-21　【复制属性】对话框　　　图 2-22　源文件　　　图 2-23　对象属性的复制

在【复制属性】对话框中各个选项的解释如下。

● 【轮廓笔】：选中该复选框，将复制轮廓线的宽度和样式。

● 【轮廓色】：选中该复选框，将复制轮廓线使用的颜色属性。

● 【填充】：选中该复选框，复制对象的填充颜色和样式。

● 【文本属性】：选中该复选框，将复制文本对象的字符属性。

【实例 2-5】复制对象属性

下面通过实例讲解如何复制对象属性，具体操作步骤如下。

(1) 打开"素材\Cha02\复制对象属性素材.cdr"素材文件，显示效果如图 2-24 所示。

(2) 选中素材文件中的蘑菇对象，在菜单栏中选择【编辑】|【复制属性自】命令，如图 2-25 所示。

图 2-24 打开素材文件

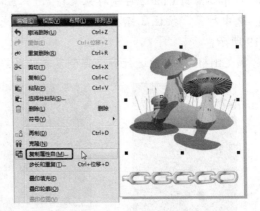

图 2-25 选择【复制属性自】命令

(3) 弹出【复制属性】对话框，选中【轮廓笔】、【轮廓色】、【填充】复选框，设置完成后单击【确定】按钮，如图 2-26 所示。

(4) 返回到场景中，光标变为➡，移动到如图 2-27 所示的源文件位置，单击鼠标左键完成属性的复制，完成后的显示效果如图 2-28 所示。

图 2-26 设置复制属性参数   图 2-27 选择属性源文件   图 2-28 显示效果

2.3 变 换 对 象

在编辑对象时，对选中对象可以进行简单快捷的变换或辅助操作，使对象效果更丰富，下面将进行详细的讲解。

2.3.1 移动对象

在 CorelDRAW 中移动对象的方法有以下 3 种。

● 选择对象，当光标变为✛时，按住鼠标左键进行拖动。

- 选择对象，然后利用键盘上的方向键进行移动。
- 选择对象，在菜单栏中选择【排列】|【变换】|【位置】命令，开启【变换】泊坞窗，在该泊坞窗中设置X 轴和 Y 轴的参数值，然后选择移动的相对位置，设置完成后单击【应用】按钮即可，如图 2-29 所示。

提示：在【变换】泊坞窗中，【相对位置】选项是以原始对象相对应的锚点作为坐标原点，沿设定的方向和距离进行位移的。

图 2-29　【变换】泊坞窗

2.3.2　旋转对象

在 CorelDRAW 中旋转对象的方法有以下 3 种。

- 双击将要进行旋转的对象，当出现旋转箭头后，将光标移动都标有曲线箭头的锚点上，按住鼠标左键拖曳旋转即可，如图 2-30 所示。
- 选择对象，在属性栏上设置【旋转角度】的参数即可对其进行旋转操作，如图 2-31 所示。
- 选择对象，在菜单栏中选择【排列】|【变换】|【旋转】命令，开启【变换】泊坞窗，在泊坞窗中设置【旋转角度】，然后选中【相对中心】复选框，最后单击【应用】按钮即可，如图 2-32 所示。

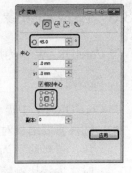

图 2-30　旋转效果　　　图 2-31　在属性栏上旋转对象　　图 2-32　设置【变换】泊坞窗

【实例 2-6】　旋转对象

下面将通过实例讲解如何旋转对象，具体操作步骤如下。

(1) 首先新建一个新文档，然后按 Ctrl+I 组合键，弹出【导入】对话框，打开"素材\Cha02\旋转素材.jpg"素材文件，然后单击【导入】按钮，如图 2-33 所示。

(2) 导入素材后的显示效果如图 2-34 所示。

(3) 选择导入的素材文件，在菜单栏中选择【排列】|【变换】|【旋转】命令，如图 2-35 所示。

(4) 开启【变换】泊坞窗，在该泊坞窗中将【旋转角度】设置为-30°，然后单击【应用】按钮即可将其旋转，旋转效果如图 2-36 所示。

图 2-33　选择素材文件

图 2-34　导入素材显示效果

图 2-35　选择【旋转】命令

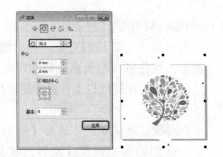

图 2-36　旋转显示效果

2.3.3　缩放和镜像对象

在 CorelDRAW 中为用户提供了缩放和镜像功能，下面将详细介绍。

1．缩放对象

在 CorelDRAW 中提供了 3 种方法对对象进行缩放处理。

- 选择将要缩放对象，将鼠标指针移动至锚点上面，然后按住鼠标左键进行拖曳缩放，蓝色线框为缩放大小的预览效果，如图 2-37 所示。当从顶点开始进行缩放时，为等比例缩放；当在水平或垂直锚点开始进行缩放操作时，将会改变对象原有的形状。

- 选择对象，在菜单栏中选择【排列】|【变换】|【缩放和镜像】命令，开启【变换】泊坞窗，在该泊坞窗中设置 X 轴和 Y 轴的参数值，然后选择缩放中心，如图 2-38 所示，最后单击【应用】按钮即可完成缩放。

提示：当用户在进行缩放时，按住 Shift 键操作将进行中心缩放。

- 选择需要缩放的对象，在属性栏中的【缩放因子】文本框中输入数值即可缩放对象，如图 2-39 所示。

提示：当【缩放因子】文本框右侧的【锁定比率】按钮处于按下状态时，可以等比例缩放对象；如果该按钮未处于按下状态，则可以分别设置宽度和高度的缩放值。

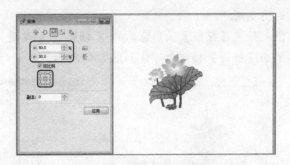

图 2-37　缩放显示过程　　　　　　　　　　图 2-38　设置缩放参数

图 2-39　属性栏

2. 镜像对象

在 CorelDRAW 中提供了以下 3 种方法对对象进行镜像处理。

- 选择将要镜像处理的对象，按住 **Ctrl** 键单击鼠标左键在锚点上并将其进行拖曳，然后松开鼠标即可完成镜像操作。当用户向上或向下拖曳时为垂直镜像，当用户向左或向右拖曳时为水平镜像。

- 选择对象，在菜单栏中选择【排列】|【变换】|【缩放和镜像】命令，开启【变换】泊坞窗，在该泊

图 2-40　镜像效果

坞窗中设置 X 轴和 Y 轴的参数，选择缩放中心，然后单击【水平镜像】按钮或【垂直镜像】按钮，如图 2-40 所示。然后单击【应用】按钮即可。

- 选择对象，在属性栏中单击【水平镜像】或【垂直镜像】按钮进行操作即可，如图 2-41 所示。

图 2-41　属性栏

提示：选择需要镜像的对象，在属性栏中单击【水平镜像】按钮和【垂直镜像】按钮，也可以镜像选择的对象，但不会复制对象。

【实例 2-7】缩放与镜像图像

下面将通过实例讲解如何缩放和镜像对象，具体操作步骤如下。

(1) 打开"素材\Cha02\缩放和镜像素.cdr"素材文件，如图 2-42 所示。

（2）在场景中选择中国结对象，在菜单栏中选择【排列】|【变换】|【缩放和旋转】命令，如图 2-43 所示。

（3）开启【变换】泊坞窗，将 X 轴和 Y 轴设置为 120%，然后选择相对于缩放中心，最后单击【应用】按钮即可，如图 2-44 所示。

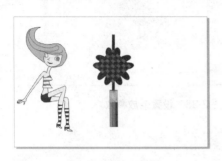  

图 2-42　打开素材　　　图 2-43　选择【缩放和旋转】命令　图 2-44　设置变换参数

（4）设置完成后的显示效果如图 2-45 所示。

（5）在场景中选择人物对象，在常用工具栏中单击【复制】按钮，然后再单击【粘贴】按钮。在工具箱中单击【选择工具】按钮，将复制得到的对象移动到合适的位置，如图 2-46 所示。

（6）选择复制得到的对象，在属性栏中单击【水平镜像】按钮，将复制对象进行镜像处理，最终显示效果如图 2-47 所示。

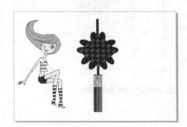  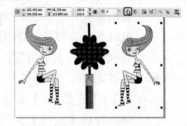

图 2-45　缩放效果　　　　图 2-46　复制并移动对象　　　　图 2-47　显示效果

2.3.4　倾斜对象

在 CorelDRAW 中为用户提供了以下两种倾斜对象的方法。

● 用鼠标双击将要倾斜的对象，当对象周围出现旋转或倾斜箭头后，将指针移动到水平或直线上的倾斜锚点上，按住鼠标左键进行拖曳倾斜即可。

● 首先选择将要倾斜的对象，然后在菜单栏中选择【排列】|【变换】|【倾斜】命令，开启【变换】泊坞窗，在该泊坞窗中设置 X 轴和 Y 轴的参数，然后选中【使用锚点】复选框并指定位置，最后单击【应用】按钮即可。

【实例 2-8】美化相片

下面将通过倾斜对象来美化相片，具体操作步骤如下。

（1）首先新建一个空白文档，在工具箱中单击【椭圆形工具】按钮，在场景中创建一个椭圆对象，并将其填充颜色 RGB 参数设置为 242、110、245，创建效果如图 2-48 所示。

（2）在菜单栏中选择【排列】|【变换】|【倾斜】命令，如图 2-49 所示。

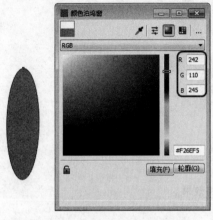

图 2-48　创建椭圆对象

图 2-49　选择【倾斜】命令

（3）开启【变换】泊坞窗，在该泊坞窗中设置 X 轴和 Y 轴的参数分别为 15°和 10°，然后选中【使用锚点】复选框，位置为左上方点，如图 2-50 所示。

（4）设置完成后按 Enter 键确定，设置完成后的显示效果如图 2-51 所示。

图 2-50　设置倾斜参数

图 2-51　倾斜效果

（5）选择所有的对象，然后再用鼠标单击一次，当出现旋转标志时拖动鼠标左键进行旋转，旋转至如图 2-52 所示的位置即可。

（6）将创建的对象进行复制，然后选择原对象，在属性栏中单击【水平镜像】按钮，将其镜像，完成效果如图 2-53 所示。

图 2-52　旋转对象

图 2-53　镜像对象

(7) 打开"素材\Cha02\倾斜对象素材.cdr"素材文件，然后将创建的翅膀对象复制到素材文件中，完成后的显示效果如图 2-54 所示。

图 2-54　最终效果

2.4　控 制 对 象

在对象编辑的过程中，用户还可以对对象进行各种控制和操作，包括对象的群组与解散群组、合并与拆分、锁定与解锁和改变排列顺序。

2.4.1　群组与取消群组

在 CorelDRAW 中编辑复杂图像时，图像由很多独立的对象组成，用户利用对象之间的编组进行统一的操作时，既可以将两个或多个对象进行群组，也可以群组其他群组以创建嵌套群组。可以直接编辑群组中的对象，而不需要解组。

图 2-55　选择【群组】命令

1. 群组对象

在 CorelDRAW 中提供了以下 3 种群组的方法。

- 首先选择将要进行群组操作的所有对象，然后单击鼠标右键，在弹出的快捷菜单中选择【群组】命令(也可以按 Ctrl+G 组合键)进行快速群组，如图 2-55 所示。
- 选择需要群组的所有对象，在菜单栏中选择【排列】|【群组】命令进行群组。
- 选择需要群组的所有对象，在属性栏中单击【群组】按钮进行快速群组。

提示：群组不仅能用于单个对象之间，在组与组之间同样可以进行群组操作，而且群组后的对象将以整体的形式表现出来，显示为一个图层。

【实例 2-9】群组对象

下面将通过实例讲解如何进行群组操作，具体操作步骤如下。

(1) 首先打开"素材\Cha02\群组素材.cdr"素材文件，打开素材显示效果如图 2-56 所示。

(2) 用鼠标左键框选场景中的所有对象，如图 2-57 所示。

(3) 按 Ctrl+G 组合键进行快速群组，群组后的显示效果如图 2-58 所示。

图 2-56　打开素材文件　　　图 2-57　选择场景中的所有对象　　　图 2-58　群组后的显示效果

2. 取消群组对象

当用户在群组后发现错误，还可以取消群组重新编辑。在 CorelDRAW 中为用户提供了以下 3 种取消群组的方法。

- 选择群组对象，然后单击鼠标右键，在弹出的快捷菜单中选择【取消群组】或【取消全部群组】命令(也可按 Ctrl+U 组合键)进行快速解散群组。
- 选择群组对象，在菜单栏中选择【排列】|【取消群组】或【取消全部群组】命令进行解组。
- 选择群组对象，在属性栏中单击【取消群组】或【取消全部群组】按钮进行快速解组。

提示：在执行【取消组合对象】命令时，将群组拆分为单个对象，或者将嵌套群组拆分为多个群组。

在执行【取消组合所有对象】命令时，将一个或多个群组拆分为单个对象，包括嵌套群组中的对象。

【实例 2-10】取消群组

下面将通过实例讲解如何取消群组对象，具体操作步骤如下。

(1) 打开"素材\Cha02\取消群组对象素材.cdr"素材文件，然后将其选中，如图 2-59 所示。

(2) 单击鼠标右键，在弹出的快捷菜单中选择【取消全部群组】命令，如图 2-60 所示。

(3) 取消群组后的显示效果如图 2-61 所示。

图 2-59 选择素材对象   图 2-60 选择【取消全部群组】命令   图 2-61 显示效果

2.4.2 合并与拆分对象

合并和群组不同，群组是将两个或多个对象编成一个组，内部是独立的，对象属性不变；而合并是将两个或多个对象合并为一个全新的对象。可以合并矩形、椭圆形、多边形、星形、螺纹、图形或文本，以便将这些对象转换为单个曲线对象，其对象的属性也发生了变化。

如果需要修改由多个独立对象合并而成的对象的属性，可以拆分合并的对象。

在 CorelDRAW 中为用户提供了以下 4 种方法将对象进行合并或拆分。

- 选择要合并的对象，在属性栏中单击【合并】按钮，将所选对象合并成为一个对象；再单击【拆分曲线】按钮，即可将合并对象拆分为单个对象。
- 选择对象，单击鼠标右键，在弹出的快捷菜单中选择【合并】或【拆分曲线】命令，即可进行合并或拆分操作。
- 选择对象，在菜单栏中选择【排列】|【合并】或【拆分曲线】命令，即可进行合并或拆分操作。
- 使用快捷键，当执行【合并】命令时，按 Ctrl+L 组合键；当选择【拆分曲线】命令时，按 Ctrl+K 组合键。

提示：对象合并后，对象的属性发生了变化；当再将其拆分后，其属性将无法恢复。

【实例 2-11】制作木偶剧背景

下面将通过实例讲解合并对象的方法，具体操作步骤如下。

(1) 按 Ctrl+O 组合键，在弹出的对话框中打开"素材\Cha02\合并对象-素材.cdr"素材文件，如图 2-62 所示。

(2) 按 Ctrl+A 组合键，选择素材文件中的所有对象，如图 2-63 所示。

(3) 单击鼠标右键，在弹出的快捷菜单中选择【合并】命令，如图 2-64 所示。

(4) 合并后的显示效果如图 2-65 所示。

(5) 合并完成后，按 Ctrl+A 组合键选择所有对象，然后单击鼠标右键，在弹出的快捷菜单中选择【拆分曲线】命令，如图 2-66 所示。

（6）转换为曲线后的显示效果如图 2-67 所示。

图 2-62　打开素材文件　　　　图 2-63　选择所有对象　　　　图 2-64　选择【合并】命令

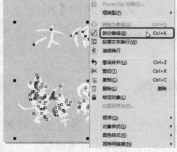

图 2-65　合并对象　　　　图 2-66　选择【拆分曲线】命令　　　　图 2-67　显示效果

2.4.3　锁定与解锁对象

在编辑文档的过程中，为了避免操作失误，可以将编辑好的或是不需要再编辑的对象进行锁定。对象被锁定后，将无法再进行编辑，同样也不会误删；如果想要重新编辑对象，需将其进行解锁处理。

1. 锁定对象

在 CorelDRAW 中提供了两种锁定对象的方法。

● 选择需要锁定的对象，然后单击鼠标右键，在弹出的快捷菜单中选择【锁定对象】命令，如图 2-68 所示，即可将其锁定。锁定后的对象锚点将以小锁的形式呈现，显示效果如图 2-69 所示。

● 选择将要锁定的对象，在菜单栏中选择【排列】|【锁定对象】命令即可将所选对象锁定。

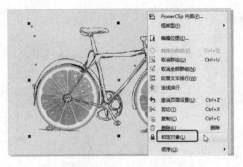

图 2-68　选择【锁定对象】命令

图 2-69　显示效果

2. 解锁对象

在 CorelDRAW 中提供了两种锁定对象的方法。

- 选择需要解锁的对象，然后单击鼠标右键，在弹出的快捷菜单中选择【解锁对象】命令，如图 2-70 所示，即可将锁定对象解锁。
- 选择将要锁定的对象，在菜单栏中选择【排列】|【解锁对象】命令，即可将锁定对象解锁。

图 2-70　选择【解锁对象】命令

2.4.4　更改对象的叠放顺序

在编辑图像时，通常利用图层的叠加组成图案或体现效果，应用 CorelDRAW 中的顺序功能可以把多个对象按照前后顺序排列，使绘制的对象有次序。一般最后创建的对象排在最前面，最早建立的对象则排在最后面。

在 CorelDRAW 中提供了以下 3 种更改排序的方法。

- 在场景中选择相应的图层并单击鼠标右键，在弹出的快捷菜单中选择【顺序】命令，如图 2-71 所示，在弹出的子菜单中执行相应的命令进行操作。

图 2-71　【顺序】子菜单

提示：在子菜单中各选项的解释如下。

- 【到页面前面】或【到页面后面】：选择该选项，将所选对象调整至当前页面的最前面或最后面。
- 【到图层前面】或【到图层后面】：选择该选项，将所选对象调整到当前图层所有对象的最前面或最后面。
- 【向前一层】或【向后一层】：选择该选项，将所选对象调整到当前页所有对象的最前面或最后面。
- 【置于此对象前】或【置于此对象后】：选择该选项后当光标将变为➡

形状时单击目标对象，可将所选对象置于该对象的前面或后面。

- 　　【逆序】：选择该选项，可将所选对象按相反的顺序进行排序。

- 在场景中选择相应的图层，在菜单栏中选择【排列】|【顺序】命令，在弹出的子菜单中选择合适的选项进行操作即可。

- 按 Ctrl+Home 组合键，可以将对象置于顶层；按 Ctrl+End 组合键，可将对象置于底层；按 Ctrl+PageUp 组合键，可将对象向上移动一个图层；按 Ctrl+PageDown 组合键，可将对象向下移动一个图层。

2.4.5　对齐与分布对象

在 CorelDRAW 中，用户可以根据需要在绘图的时候将某些图形对象按照一定的规则进行排列，以达到更好的视觉效果。如可以将对象互相对齐，也可以将对象与绘图页对齐；在相互对齐对象时，可以按对象的中心或边缘对齐排列。

在编辑过程中进行准确的对齐与分布操作，有以下两种方法。

- 选择对象，在菜单栏中选择【排列】|【对齐和分布】命令，在弹出的子菜单中选择相应的命令进行操作即可，如图 2-72 所示。

- 选择对象，在属性栏中单击【对齐与分布】按钮，开启【对齐与分布】泊坞窗，如图 2-73 所示，在该泊坞窗中设置相应的参数即可。

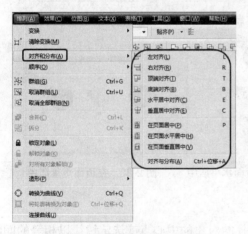

图 2-72　【对齐和分布】子菜单

图 2-73　【对齐与分布】泊坞窗

1. 对齐对象

在【对齐和分布】子菜单中，可以进行对齐的相关操作。

- 左对齐：以最底层的对象为准进行左对齐，如图 2-74 所示。

- 右对齐：以最底层的对象为准进行右对齐，如图 2-75 所示。

- 顶端对齐：以最底层的对象为准进行顶端对齐，如图 2-76 所示。

- 底端对齐：以最底层的对象为准进行底端对齐，如图 2-77 所示。

- 水平居中对齐：以最底层的对象为准进行水平居中对齐，如图 2-78 所示。

- 垂直居中对齐：以最底层的对象为准进行垂直居中对齐，如图 2-79 所示。

- 在页面居中：以页面中心点为准进行水平居中对齐和垂直居中对齐，如图 2-80 所示。
- 在页面水平居中：以页面为准进行水平居中对齐，如图 2-81 所示。
- 在页面垂直居中：以页面为准进行垂直居中对齐，如图 2-82 所示。

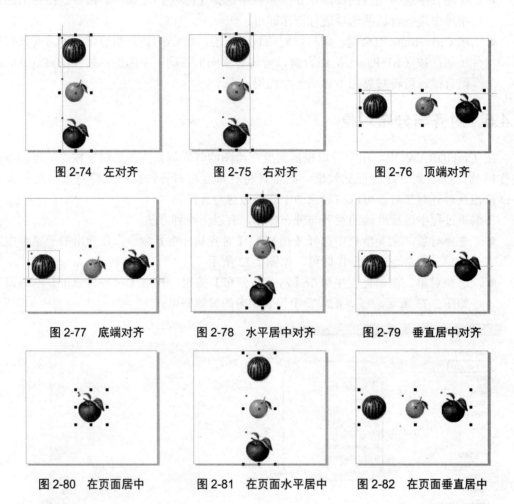

图 2-74　左对齐　　　　　图 2-75　右对齐　　　　　图 2-76　顶端对齐

图 2-77　底端对齐　　　　图 2-78　水平居中对齐　　图 2-79　垂直居中对齐

图 2-80　在页面居中　　　图 2-81　在页面水平居中　图 2-82　在页面垂直居中

2．分布对象

在 CorelDRAW 中分布对象时，可以使选择的对象的中心点或选定边缘以相等的间隔分布。在【对齐与分布】泊坞窗中，通过单击【分布】选项组中的按钮可以根据需要分布选择对象，如图 2-83 所示，分布各选项的表现形式如下。

- 【左分散排列】按钮：平均设定对象左边缘之间的间距，如图 2-84 所示。
- 【水平分散排列中心】按钮：沿着水平轴，平均设定对象中心点之间的间距，如图 2-85 所示。
- 【右分散排列】按钮：平均设定对象右边缘之间的间距，如图 2-86 所示。
- 【顶部分散排列】按钮：平均设定对象上边缘之间的间距，如图 2-87 所示。
- 【垂直分散排列中心】按钮：沿着垂直轴，平均设定对象中心点之间的间距，如图 2-88 所示。

图 2-83　【分布】选项组

图 2-84　左分散排列

图 2-85　水平分散排列中心

图 2-86　右分散排列

图 2-87　顶部分散排列

图 2-88　垂直分散排列中心

- 【底部分散排列】按钮 ：平均设定对象下边缘之间的间距，如图 2-89 所示。
- 【水平分散排列间距】按钮 ：沿水平轴，将对象之间的间隔设为相同距离，如图 2-90 所示。
- 【垂直分散排列间距】按钮 ：沿垂直轴，将对象之间的间隔设为相同距离，如图 2-91 所示。

图 2-89　底部分散排列

图 2-90　水平分散排列间距

图 2-91　垂直分散排列间距

2.4.6　删除对象

要删除不需要的对象，应首先在场景中选中它，然后在菜单栏中选择【编辑】|【删除】命令，或直接按 Delete 键将其删除。

2.4.7　步长与重复

在编辑过程中，可以利用【步长和重复】命令进行水平、垂直和角度再制。在菜单栏中选择【编辑】|【步长与重复】命令，开启【步长与重复】泊坞窗，如图 2-92 所示。

该泊坞窗中各选项的解释如下。

- 【水平设置】：水平方向进行再制，可以设置【类型】、【距离】和【方向】，在设置类型的下拉列表框中可以选择【无偏移】、【偏移】或【对象之间的距离】选项，如图 2-93 所示。

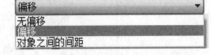

图 2-92　【步长和重复】泊坞窗　　　　　图 2-93　【类型】选项

◆ 【无偏移】：选择该类型将不进行任何偏移，其下面的【距离】和【方向】选项同样无法进行设置。在【份数】文本框输入数值后单击【应用】按钮，则是在原位置进行再制。

◆ 【偏移】：选择该选项，是指以对象为准进行水平偏移。在选择【偏移】选项后，即可在其下面设置【距离】和【方向】的参数值。当【距离】参数设置为 0 时，将在原位置重复再制。

提示：若要控制再制的间距，可以在属性栏查看所选对象的宽和高的数值，然后在【步长和重复】泊坞窗中设置数值。当【距离】值小于对象的宽度时，对象重复效果为重叠，如图 2-94 所示。

图 2-94　当【距离】值小于宽度时的表现效果为重叠

当【距离】值与对象的宽度相同时，表示对象重复效果为边缘重合，如图 2-95 所示。

图 2-95　当【距离】值等于宽度时的表现效果为边缘重合

当【距离】值大于对象宽度时，表示对象重复有间距，如图 2-96 所示。

图 2-96　当【距离】值大于宽度时的表现效果

◆　【对象之间的间距】：选择该选项将以对象之间的间距进行再制。选择该选项后可以选择相应的方向，然后设置份数参数进行再制。当【距离】参数为时，为水平边缘重合的再制效果，如图 2-97 所示。

图 2-97　再制效果

● 【距离】：该选项用来设置精确偏移。
● 【方向】：该选项用来设置旋转方向，在其下拉列表中共有【左】和【右】两个选项。
● 【垂直设置】：设置该选项组对象，将在垂直方向进行重复再制，可以设置【类型】、【距离】和【方向】。
　　◆　【无偏移】：选择该选项，将不进行任何偏移，在原位置进行重复再制。
　　◆　【偏移】：选择该选项，将以对象为准进行垂直偏移，当【距离】参数为 0 时，为原位置重复再制。
　　◆　【对象之间的间距】：选择该选项，将以对象之间的间距为准进行垂直偏移，当【距离】为 0 时，重复效果为垂直边缘重合复制。
● 【份数】：该选项主要用来设置再制的份数。

2.5　小型案例实训——制作宣传页

制作宣传页主要应用了复制、镜像、旋转等功能，效果如图 2-98 所示。具体操作步骤如下所示。

(1) 按 Ctrl+N 组合键，弹出【创建新文档】对话框，将【宽度】设置为 700mm，将【高度】设置为 530mm，设置完成后单击【确定】按钮即可，如图 2-99 所示。

(2) 在工具箱中双击【矩形工具】按钮 ▣，绘制一个矩形，填充颜色参数为 214、228、151，填充效果如图 2-100 所示。

（3）按 Ctrl+I 组合键，导入"素材\Cha02\素材 1.cdr"素材文件，按住 Shift 选择绘制的矩形，然后按 P 键进行对齐，对齐效果如图 2-101 所示。

（4）按 Ctrl+I 组合键，导入"素材\Cha02\素材 2.cdr"素材文件。选择导入的素材文件，在属性栏中将【宽度缩放因子】和【高度缩放因子】都设置为 200%，然后调整到合适的位置，调整效果如图 2-102 所示。

图 2-98　宣传页

图 2-99　【创建新文档】对话框

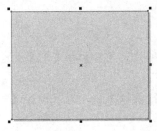

图 2-100　绘制矩形

图 2-101　对齐效果

图 2-102　缩放效果

（5）按 Ctrl+I 组合键，导入"素材\Cha02\素材 3.cdr"素材文件。选择导入的素材文件，调整至合适的大小，再次单击该对象，将其旋转 25°，效果如图 2-103 所示。

（6）选择【素材 3】对象，按 Ctrl+C 组合键将其复制。选择复制得到的对象，在属性栏中单击【镜像】按钮，然后将其移动到合适的位置，显示效果如图 2-104 所示。

（7）在工具箱中单击【流程图形状工具】按钮，在属性栏的【完美形状】下拉列表中选择合适的形状进行绘制，绘制效果如图 2-105 所示。

图 2-103　旋转效果

图 2-104　镜像效果

图 2-105　绘制效果

(8) 在工具箱中单击【钢笔工具】按钮，绘制如图 2-106 所示的曲线。

(9) 在工具箱中单击【文本工具】按钮，将鼠标指针放置在绘制的曲线上，当光标变为时，单击鼠标左键，然后将【字体】设置为【汉仪碟语体简】，将【字体大小】设置为 90pt，设置完成后输入文本对象，文本显示效果如图 2-107 所示。

图 2-106　绘制曲线

图 2-107　输入文本

本 章 小 结

本章主要讲解 CorelDRAW 对象的基本操作，包括对象的选择、复制、旋转、缩放、镜像、群组、合并及拆分、锁定及解锁、对齐与分布等内容。

习　　题

1. 在 CorelDRAW X6 中提供了哪两种类型？
2. 使用全选的方法进行选择有哪几种方法？
3. 在选择对象并将其镜像处理时，是否会复制该对象？

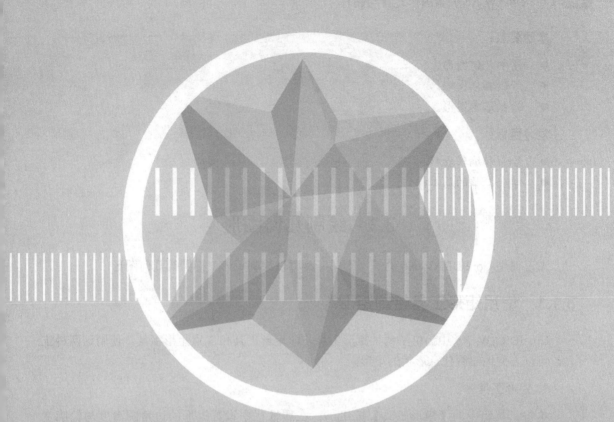

第 3 章

图形的绘制

本章要点：

● 绘制几何图形。

● 绘制抽象图形。

● 绘制基本图形。

学习目标：

● 绘制和编辑表格。

● 学会本章的基本操作。

3.1 绘制几何图形

通过使用 CorelDRAW X6 的基本绘图工具可以绘制矩形、椭圆等几何图形。

3.1.1 使用矩形工具绘制矩形

CorelDRAW X6 中提供了两种矩形工具，即矩形工具和 3 点矩形工具。使用这两种工具，可以方便地绘制任意形状的矩形。

1. 矩形工具

单击工具箱中的【矩形工具】按钮 □，在属性栏中设置矩形的边角圆滑度与轮廓宽度，然后在绘图页中按住鼠标左键向右下方拖动鼠标，到所需的大小后松开鼠标左键，即可得到所需的矩形。

2. 3 点矩形工具

单击【3 点矩形工具】按钮 □，可以通过 3 个点来确定矩形的长度、宽度与旋转位置。下面练习【3 点矩形工具】的操作方法。

(1) 新建一个文档，在工具箱中单击【3 点矩形工具】按钮 □，然后在按住 Ctrl 键的同时在绘图页中按下鼠标左键不放，拖动鼠标指针至矩形的第二点，如图 3-1 所示。

(2) 继续按住 Ctrl 键，松开鼠标并移动鼠标指针至第三点的位置单击，如图 3-2 所示。

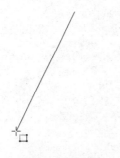

图 3-1 确定矩形的两个点

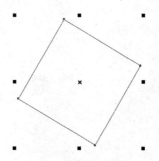

图 3-2 确定矩形的高度

提示：使用【3 点矩形工具】拖动鼠标指针时按住 Ctrl 键，可以强制基线的角度以 15°的增量变化。

【实例 3-1】绘制电脑的轮廓

下面将讲解如何绘制电脑的轮廓，其具体操作如下。

(1) 使用【矩形工具】绘制两个矩形，作为电脑的轮廓，如图 3-3 所示。

(2) 再次绘制矩形，并使用【选择工具】调整矩形的位置，如图 3-4 所示。

(3) 使用【椭圆形工具】绘制椭圆，如图 3-5 所示。

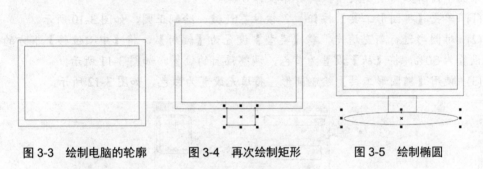

图 3-3　绘制电脑的轮廓　　　图 3-4　再次绘制矩形　　　图 3-5　绘制椭圆

3.1.2　使用椭圆形工具绘制椭圆与圆弧

使用椭圆形工具，可以绘制出各种大小不同的椭圆、圆形、饼图和弧线。在工具箱中单击【椭圆形工具】按钮，在属性栏中即可显示它的选项参数。

1. 绘制椭圆形

在工具箱中单击【椭圆形工具】按钮，在绘图页面中按住鼠标不放，确定椭圆形的起始位置，沿直径方向拖移至理想大小的椭圆形后放开鼠标，完成椭圆形的绘制，如图 3-6 所示。

提示：按住 Shift 键不放，可绘出从中心扩散的椭圆形，双击图标，在打开的【选项】面板中可以设置椭圆形的起始角度和结束角度。

2. 绘制正圆

要是用椭圆形工具绘制正圆，其方法与创建正方形的方法相同，绘制时只需要按住 Ctrl 键即可。如果按住 Shift+Ctrl 组合键的同时拖动鼠标绘制，则可以绘制出以起点为中心向外扩展的正圆，如图 3-7 所示。

3. 绘制饼形和弧形

绘制一个椭圆形，单击属性栏上的【饼图】按钮，设置参数后，绘制饼形，如图 3-8 所示。

弧形的绘制方法与饼形的绘制方法一样。在选择椭圆形后，在属性栏中单击【弧形】按钮，即可绘制出弧形，如图 3-9 所示。

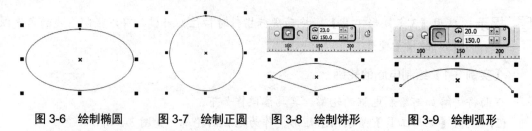

图 3-6　绘制椭圆　　　图 3-7　绘制正圆　　　图 3-8　绘制饼形　　　图 3-9　绘制弧形

【实例 3-2】绘制表情

下面将讲解如何绘制表情，其具体操作步骤如下。

(1) 单击【椭圆形工具】按钮，按住 Ctrl 键，绘制正圆，如图 3-10 所示。

(2) 对圆形进行渐变填充，将【类型】设置为【辐射】，将【中心位移】下方的【垂直】设置为 30%，将【从】设置为黄色，调整辐射的位置，如图 3-11 所示。

(3) 使用【椭圆形工具】绘制圆形，将填充设置为白色，如图 3-12 所示。

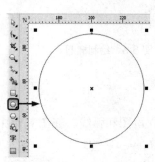 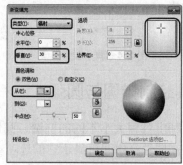 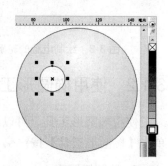

图 3-10　绘制正圆　　　图 3-11　设置渐变填充　　　图 3-12　绘制圆形并进行填充

(4) 使用【椭圆形工具】绘制圆，将填充设置为黑色，如图 3-13 所示。

(5) 使用同样的方法，绘制另一只眼睛，如图 3-14 所示。

(6) 使用【椭圆形工具】绘制椭圆，在属性栏中单击【饼图】按钮，设置【起始】和【结束角度】分别设置为 200、20，将填充设置为白色，如图 3-15 所示。

图 3-13　绘制圆　　　图 3-14　绘制另一只眼睛　　　图 3-15　绘制嘴巴

3.1.3　绘制多边形

单击工具箱中的【多边形工具】按钮，在绘图页中按住鼠标左键并拖动，即可绘制出默认设置下的五边形，如图 3-16 所示。

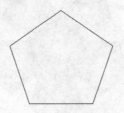

图 3-16　绘制多边形

如果要改变已绘制的多边形的变数，可先选择绘制的多边形，然后在多边形工具属性栏中的多边形端点数微调框 ◊⁵ 中输入所需的边数，按 Enter 键，即可得到所需边数的多边形。

如果在按住 Shift 键的同时拖动鼠标，可以绘制以起点为中心向外扩展的多边形；如果按住 Ctrl 键，则可以绘制正多边形；如果同时按住 Shift+Ctrl 组合键，则可以绘制以起点为中心向外扩展的正多边形。

【实例 3-3】绘制花朵效果

下面将讲解如何绘制花朵效果，其具体操作步骤如下。

(1)　新建一个空白文档，在工具箱中单击【多边形工具】按钮，确认属性栏中的【边数】设置为 5，然后在绘图页中绘制一个五边形。在菜单栏中选择【编辑】|【再制】命令，如图 3-17 所示。

(2)　在工具箱中单击【选择工具】按钮，将再制的对象移动至合适的位置，将【旋转角度】设置为 37，如图 3-18 所示。

(3)　使用同样的方法继续复制正五边形，使用【选择工具】将其移动到合适的位置，如图 3-19 所示。

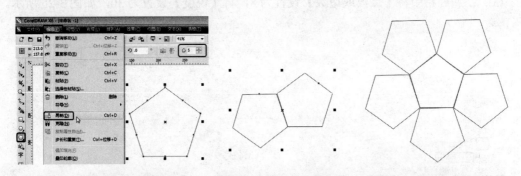

图 3-17　选择【再制】命令　　图 3-18　移动并旋转对象　　图 3-19　绘制完成后的效果

(4)　选择绘制的所有多边形，按 F11 键，弹出【渐变填充】对话框，将【类型】设置为【辐射】，其他参照如图 3-20 所示。

(5)　单击【确定】按钮，即可查看效果，如图 3-21 所示。

(6)　选择所有的图形，在属性栏中将【轮廓】设置为【无】，如图 3-22 所示。

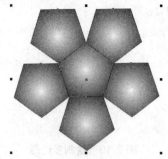
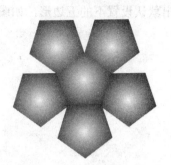

图 3-20　设置渐变色　　　图 3-21　绘制完成后的效果　　　图 3-22　去除轮廓

3.2　绘制抽象图形

本节将讲解如何绘制抽象图形，其中包括绘制星形、使用图纸工具绘制图形、使用螺纹工具绘制螺纹形状，下面将对其进行介绍。

3.2.1　绘制星形

【星形】工具组主要包括【星形】工具和【复杂星形】工具。在工具箱中单击【星形】工具按钮 后，在属性栏中将显示其选项参数。

1. 使用星形工具绘图

使用星形工具可以绘制星形，其具体操作步骤如下。

(1) 在多边形工具组中单击【星形】工具按钮 ，如图 3-23 所示。

(2) 在绘图页中单击鼠标左键并拖动，即可绘制出星形，如图 3-24 所示。

(3) 在属性栏中将【点数或边数】设置为 8，将【锐度】设置为 30，如图 3-25 所示。

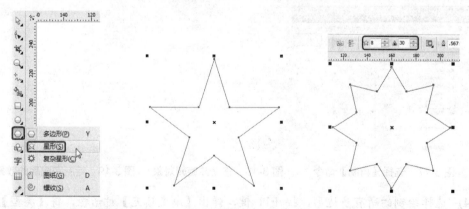

图 3-23　单击【星形】工具按钮　　图 3-24　松开鼠标绘制完成　　图 3-25　设置【点数或边数】和【锐度】

2. 使用复杂星形工具绘图

在多边形工具组中新增了复杂星形工具，使用该工具可以快速地绘制出交叉星形。下面介绍复杂星形工具的基本用法。

(1)　在多边形工具组中单击【复杂星形】工具按钮🔧，在绘图页中按住鼠标左键并拖动，完成后的效果如图 3-26 所示。

(2)　即可绘制出复杂的星形，如图 3-27 所示。

(3)　单击【调色板】中的红色色块，效果如图 3-28 所示。

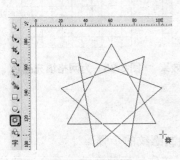
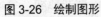
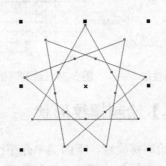
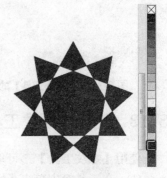

图 3-26　绘制图形　　　图 3-27　绘制完图形后的效果　　　图 3-28　设置填充颜色

【实例 3-4】制作星形

下面将讲解如何制作星形，其具体操作如下。

(1)　使用五角星绘制星形，并使用椭圆形工具绘制正圆，如图 3-29 所示。

(2)　单击【贝塞尔工具】按钮✏️，然后进行绘制，效果如图 3-30 所示。

(3)　按 F11 键，弹出【渐变填充】对话框，将【中心位移】选项组中的【水平】和【垂直】分别设置为 0%、–5%，将【从】设置为洋红，如图 3-31 所示。

(4)　将圆对象删除，如图 3-32 所示。

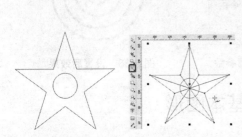
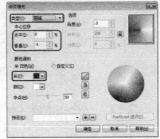

图 3-29　绘制星形和正圆　　图 3-30　绘制对象　　　图 3-31　设置渐变填充　　　图 3-32　完成效果

3.2.2　使用【图纸工具】绘制图形

使用【图纸工具】可以绘制网格，其具体操作步骤如下。

(1)　在工具箱中单击【图纸工具】按钮⬜，在属性栏中将显其选项参数，如图 3-33 所示。在【图纸行和列数】微调框中输入所需的行数与列数，在绘制时将根据设置的属性绘制出表格。

(2)　在属性栏中将【图形行和列数】值设置为 11，按 Enter 键确定，然后在绘图页绘制一个如图 3-34 所示的网格效果。

(3) 为绘制的网格填充【白色】，将其【轮廓颜色】设置为洋红色，如图 3-35 所示。

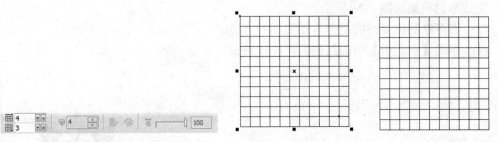

图 3-33　【图纸工具】的属性栏　　　图 3-34　绘制网格效果　　图 3-35　为网格填充颜色

3.2.3　使用【螺纹工具】绘制螺纹形状

使用【螺纹工具】可以绘制螺纹线，下面简单介绍绘制螺纹的步骤。

(1) 在工具箱中单击【螺纹工具】按钮，在绘图页中按住鼠标并拖动，至合适的位置松开鼠标，螺纹线效果如图 3-36 所示。

(2) 按 F12 键，弹出【轮廓笔】对话框，将【颜色】设置为蓝色，将【宽度】设置为10pt，设置完成后单击【确定】按钮，如图 3-37 所示。设置完成后的效果如图 3-38 所示。

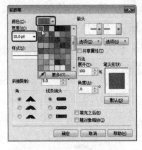

图 3-36　螺纹线效果　　　　图 3-37　设置轮廓参数　　　　图 3-38　设置后效果

3.3　绘制其他基本图形

使用基本形状工具可以绘制各种各样的基本图形，如箭头形状、流程图形状、标题形状、标注形状等。

3.3.1　绘制基本形状

使用【基本形状工具】绘图的操作如下。

(1) 在工具箱中单击【基本形状工具】按钮，然后在其属性栏中选择所需的图形，在弹出的面板中选择一种图形，在绘图页按住鼠标左键并拖动，拖至合适的大小后松开左键，即可绘制一个形状，如图 3-39 所示

(2) 在调色板中选择黄色，为其进行填充，如图 3-40 所示。

图 3-39　选择形状并绘制形状

图 3-40　填充颜色

【实例 3-5】制作水杯

下面将讲解如何制作水杯，其具体操作步骤如下。

(1) 在工具箱中单击【基本形状工具】按钮，在属性栏中选择图形，在绘图页中进行绘制，如图 3-41 所示。

(2) 再次使用【基本形状工具】，选择图形进行绘制，将【旋转角度】设置为 270°，并调整其位置，如图 3-42 所示。

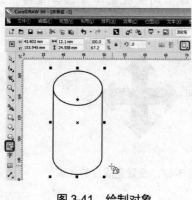

图 3-41　绘制对象

图 3-42　完成后的效果

3.3.2　绘制箭头形状

在 CorelDRAW X6 中提供了多种箭头类型。要绘制这些箭头形状，其具体操作方法如下。

(1) 单击工具箱中的【箭头形状】按钮。

(2) 在属性栏中单击按钮，可打开预设的箭头形状面板，效果如图 3-43 所示。从中选择所需的箭头形状，在绘图页中拖动鼠标，即可绘制出所选的箭头图形。

【实例 3-6】制作标志图形

下面将讲解如何制作标志图形，其具体操作步骤如下。

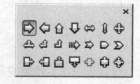

图 3-43　预设箭头形状面板

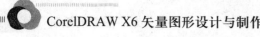

（1）在工具箱中单击【箭头形状】按钮，在属性栏中选择需要的形状，绘制形状，如图 3-44 所示。

（2）选中绘制的图形，在调色板中单击黑色色块，如图 3-45 所示。

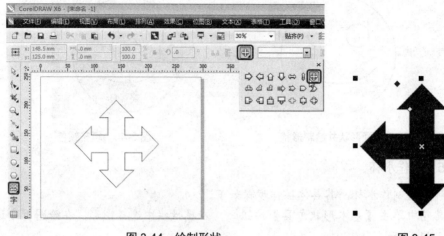

图 3-44　绘制形状　　　　　　　　　　图 3-45　填充对象

（3）在工具箱中单击【文本工具】按钮，输入文字，如图 3-46 所示。

（4）依次选择输入的文字，单击鼠标右键，在弹出的快捷菜单中选择【转换为美术字】命令，效果如图 3-47 所示。

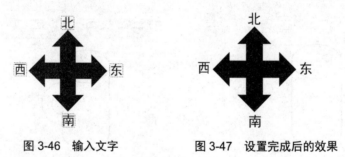

图 3-46　输入文字　　　　　　　　图 3-47　设置完成后的效果

3.3.3　绘制流程图形状

在 CorelDRAW X6 中提供了流程图工具，使用它可以绘制出多种常见的数据流程图、信息系统的业务流程图等。要绘制流程图，其具体操作方法如下。

（1）在工具箱中单击【流程图形状工具】按钮。

（2）在属性栏中单击【完美形状】按钮，打开流程图面板，如图 3-48 所示。

（3）从中选择一种形状，在绘图页中按住鼠标左键拖动，即可绘制出所选的流程图形状。

【实例 3-7】绘制流程图

使用【流程图形状工具】绘制图形的操作如下。

（1）新建文件后，在工具箱中单击【流程图形状工具】按钮，并在属性栏中单击【完美形状】按钮，在弹出的面板中选择一种形状，如图 3-49 所示。

图 3-48　打开流程图面板

图 3-49　选择形状

(2) 在绘图页中，按住鼠标左键并拖至适当的位置松开，即可绘制出一个形状，如图 3-50 所示。

(3) 在默认调色板中，为绘制的形状填充红色，效果如图 3-51 所示。

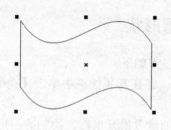

图 3-50　绘制出的形状

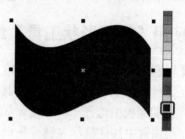

图 3-51　为形状填充颜色

3.3.4　使用【标注形状工具】绘制标注

标注经常用于做进一步的补充说明，例如绘制了一幅风景画，可以在风景画上绘制标注图形，并且在标注图形中添加相关的文字信息。CorelDRAW X6 中提供了多种标注图形。要绘制标注图形，其具体操作方法如下。

(1) 在工具箱中单击【标注形状工具】按钮 。

(2) 在属性栏中单击【完美形状】按钮，即可打开标注形状面板，从中选择所需的标注形状，然后在绘图页中拖动鼠标进行绘制，如图 3-52 所示。

图 3-52　打开【标注
形状】面板

【实例 3-8】为卡通人物添加标注框

下面将讲解如何为人物对话添加标注框，其具体操作方法如下。

(1) 打开 "素材\Cha03\标注对象-素材.cdr" 素材文件，效果如图 3-53 所示。

(2) 单击【标注形状工具】按钮 ，在属性栏中单击【完美形状】按钮，即可打开标注形状面板，从中选择所需的标注形状，然后在绘图页中拖动鼠标进行绘制，如图 3-54 所示。

(3) 将【轮廓线】的颜色改为洋红色，使用 工具输入文字，将【字体】设置为【楷体】，将【字体大小】设置为 48pt，将文字的颜色填充为洋红色。按 Ctrl+F8 组合键，将其转换为美术字，调整对象的位置，效果如图 3-55 所示。

图 3-53　打开素材文件

图 3-54　绘制形状

图 3-55　输入文字并填充颜色

3.3.5　使用【标题形状工具】绘制标题形状

使用【标题形状工具】绘制图形并输入文字的操作如下。

(1)　在工具箱中单击【标题形状工具】按钮，并在其属性栏中单击【完美形状】按钮，在弹出的面板中选择一种形状，如图 3-56 所示。

(2)　在绘图页中按住鼠标左键并拖动，至合适的位置松开鼠标，绘制的图形如图 3-57 所示。

图 3-56　选择形状

图 3-57　绘制出的形状效果

【实例 3-9】绘制奖牌丝带

下面将讲解如何绘制奖牌丝带，其具体操作步骤如下。

(1)　打开"素材\Cha03\奖牌丝带-素材.cdr"素材文件，如图 3-58 所示。

(2)　使用【标题形状工具】，在属性栏中单击【完美形状】按钮，在弹出的面板中选择需要的形状，对其进行绘制，如图 3-59 所示。

(3)　按 F11 键，弹出【渐变填充】对话框，将【类型】设置为【辐射】，将【中心位移】选项组的【水平】和【垂直】的参

图 3-58　打开素材文件

数设置为 0%和 1%，将【从】右侧的 RGB 值设置为 152、6、16，将【到】右侧的 RGB 值设置为 255、0、0，将【中点】设置为 41，如图 3-60 所示。

(4)　设置完成后，单击【确定】按钮，选择绘制的对象，将【轮廓线】设置为红色，

如图 3-61 所示。

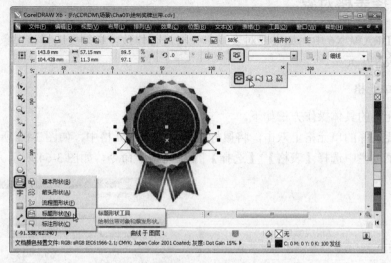

图 3-59　选择形状

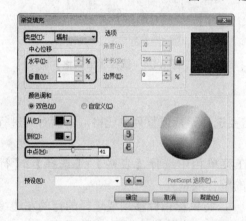

图 3-60　设置【渐变填充】

图 3-61　设置轮廓线

3.4　绘制和编辑表格

表格创建完成后，可以根据需要使用 CorelDRAW X6 中提供的多种方法来修改创建的表格，如合并与拆分单元格，插入行和列，删除行、列或表等。

3.4.1　绘制表格

在创建表格时，即可以直接使用工具进行创建，又可以直接在菜单中选择相关命令。

单击【表格工具】按钮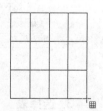，当光标变为 ⁺⊞ 时，在绘图窗口中按住鼠标左键并拖曳，即可创建表格，如图 3-62 所示。创建表格后可以在属性栏中修改表格的行数和列数，还可以将单元格进行合并、拆分等。

图 3-62　创建表格

3.4.2 选择表格对象

在 CorelDRAW X6 中，如果要对表或单元格进行修改，必须要选择该对象。本节将介绍如何选择表和单元格。

1. 选择单元格

选择单元格的具体操作方法如下。

- 在要选择的单元格上双击，将鼠标指针置入该单元格中，如图 3-63 所示。
- 在菜单栏中选择【表格】|【选择】|【单元格】命令，如图 3-64 所示。

A班成绩单							
姓名	语文	数学	英语	物理	化学	生物	总分
刘晶	89	79	85.5	75	79	99	506.5
马杰	90	90	83	77	50.5	87	477.5
赵曦	58	70	75	80	77	60	420
李胜基	70	77	88	60	85	100	480

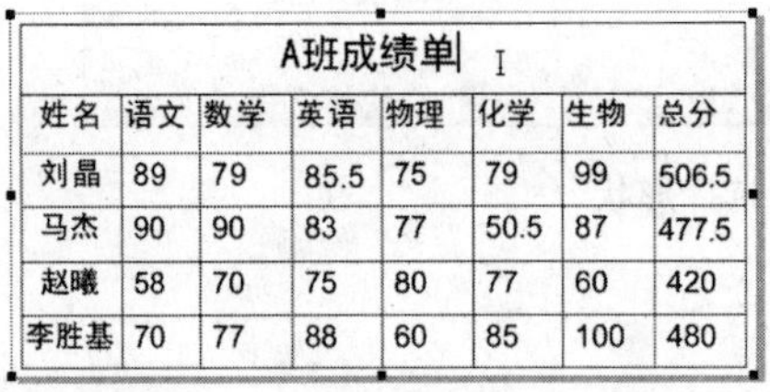

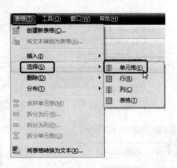

图 3-63 将鼠标指针置于文字框中

图 3-64 选择【单元格】命令

2. 选择整行或整列

在 CorelDRAW X6 中，用户可以根据需要选择整行或整列单元格，下面对其进行简单介绍。

- 在要选择的单元格上双击，然后在菜单栏中选择【表格】|【选择】|【行】或【列】命令，即可选中单元格所在的整行或整列。
- 在工具箱中单击【表格工具】按钮，将鼠标指针移到要选择的行的左边缘，当光标变为➡形状时，单击鼠标左键，即可选中整行，如图 3-65 所示。
- 在工具箱中单击【表格工具】按钮，将鼠标指针移到要选择的列的上边缘，当光标变为⬇形状时，单击鼠标左键，即可选中整列，效果如图 3-66 所示。

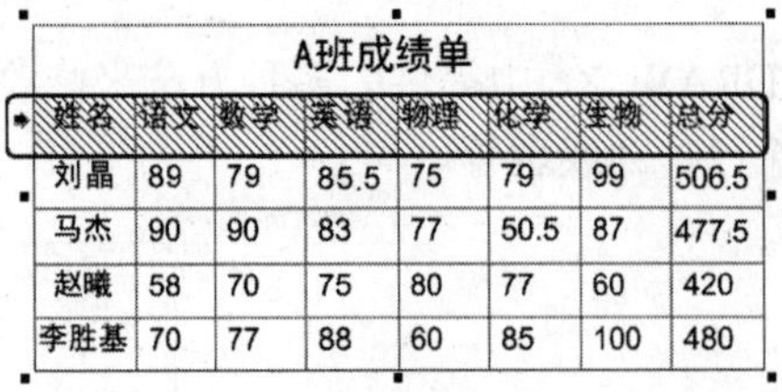

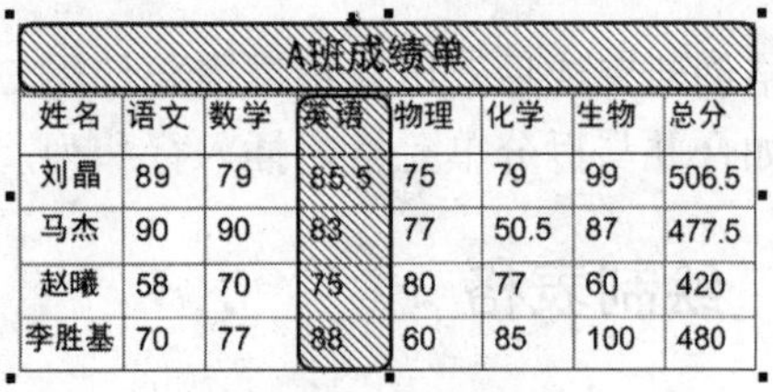

A班成绩单							
姓名	语文	数学	英语	物理	化学	生物	总分
刘晶	89	79	85.5	75	79	99	506.5
马杰	90	90	83	77	50.5	87	477.5
赵曦	58	70	75	80	77	60	420
李胜基	70	77	88	60	85	100	480

图 3-65 选择整行

A班成绩单							
姓名	语文	数学	英语	物理	化学	生物	总分
刘晶	89	79	85.5	75	79	99	506.5
马杰	90	90	83	77	50.5	87	477.5
赵曦	58	70	75	80	77	60	420
李胜基	70	77	88	60	85	100	480

图 3-66 选择整列

3. 选择表

下面将讲解如何选择表。

(1) 打开“素材\Cha03\成绩单-素材.cdr”素材文件，在要选择的单元格上双击，将鼠标指针置入该单元格中，如图 3-67 所示。

(2)　在菜单栏中选择【表格】|【选择】|【表格】命令，如图 3-68 所示。

图 3-67　将鼠标指针置入单元格中　　　　图 3-68　选择【表格】命令

(3)　执行该命令后，即可选择整个表，效果如图 3-69 所示。

图 3-69　全选后的效果

3.4.3　编辑表格

下面将讲解如何编辑表格，包括合并和拆分单元格、插入行和列以及删除行、列的方法。

1．合并单元格

合并就是指把两个或多个单元格合并为一个单元格。

在工具箱中单击【表格工具】按钮 ，将鼠标指针移到要选择的行的左边缘，当光标变为 ➡ 形状时，单击鼠标左键，将需要合并的单元格选中，如图 3-70 所示。在菜单栏中选择【表格】|【合并单元格】命令，如图 3-71 所示。即可将选中的单元格合并，如图 3-72 所示。

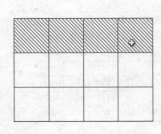

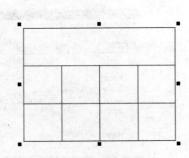

图 3-70　选择单元格　　　图 3-71　选择【合并单元格】命令　　　图 3-72　合并单元格

提示：若要取消单元格的合并，可以在属性栏中单击【撤销合并】按钮 呂，即可取消单元格的合并。

2. 拆分单元格

拆分就是把一个单元格拆分为两个单元格。

如果要拆分单元格，选择需要拆分的单元格，在菜单栏中选择【表格】|【拆分为行】命令，弹出【拆分单元格】对话框，如图 3-73 所示，在该对话框中可以设置拆分的行数，设置完成后单击【确定】按钮，即可将选中的单元格进行拆分。

3. 插入行

选择一个单元格，在菜单栏中选择【表格】|【插入】|【行上方】命令，如图 3-74 所示。执行该操作后，即可在该单元格的上方插入一行单元格，如图 3-75 所示。

图 3-73 【拆分单元格】对话框

图 3-74 选择【行上方】命令

A班成绩单							
姓名	语文	数学	英语	物理	化学	生物	总分
刘晶	89	79	85.5	75	79	99	506.5
马杰	90	90	83	77	50.5	87	477.5
赵曦	58	70	75	80	77	60	420
李胜基	70	77	88	60	85	100	480

图 3-75 在上方插入行

除此之外，用户还可以在选择单元格后，在菜单栏中选择【表格】|【插入】|【行下方】命令，如图 3-76 所示。执行该操作后，即可在选中的单元格的下方插入一行单元格，如图 3-77 所示。

图 3-76 选择【行下方】命令

A班成绩单							
姓名	语文	数学	英语	物理	化学	生物	总分
刘晶	89	79	85.5	75	79	99	506.5
马杰	90	90	83	77	50.5	87	477.5
赵曦	58	70	75	80	77	60	420
李胜基	70	77	88	60	85	100	480

图 3-77 在下方插入行

4. 插入列

选择一个单元格，在菜单栏中选择【表格】|【插入】|【列左侧】命令，如图 3-78 所示。执行该操作后，即可在该单元格的左侧插入一个列，如图 3-79 所示。

图 3-78　选择【列左侧】命令

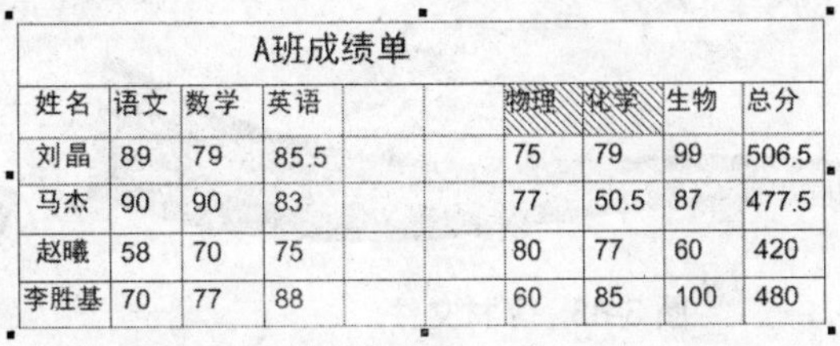

A班成绩单							
姓名	语文	数学	英语		物理	化学	生物	总分
刘晶	89	79	85.5		75	79	99	506.5
马杰	90	90	83		77	50.5	87	477.5
赵曦	58	70	75		80	77	60	420
李胜基	70	77	88		60	85	100	480

图 3-79　在左侧插入列

此外，用户还可以在选中单元格的右侧插入一个列。

3.5　小型案例实训

完成本章的学习，下面通过两个实例来巩固一下本章所学习的知识。

3.5.1　购物袋设计

下面将讲解如何设计购物袋，其中主要使用 3 点椭圆形工具绘制出各种大小不同的椭圆、圆形、饼形与弧形，效果如图 3-80 所示。制作购物袋的具体操作步骤如下。

(1) 新建一个空白文档，使用【矩形工具】分别绘制长度为 285.0 mm、宽度为 325.0 mm，长度为 110.0 mm、宽度为 325.0 mm 的矩形，如图 3-81 所示。

(2) 选择右侧的矩形，在菜单栏中选择【窗口】|【泊坞窗】|【彩色】命令，开启【颜色泊坞窗】泊坞窗，将【颜色模型】设置为 RGB，将颜色值设置为 255、223、114，单击【填充】按钮，效果如图 3-82 所示。

图 3-80　购物袋

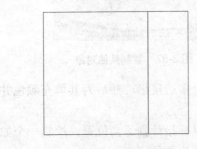

图 3-81　绘制矩形

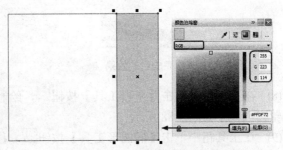

图 3-82　填充矩形

(3) 打开"素材\Cha03\购物袋-素材.cdr"素材文件，选择如图 8-83 所示的对象。

(4) 将其复制到如图 3-84 所示的位置，调整对象的位置，按 + 键对其进行复制。

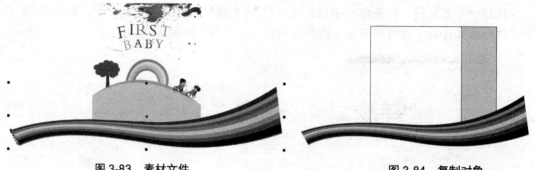

图 3-83　素材文件　　　　　　　　　　　　图 3-84　复制对象

(5) 选择复制后的对象，单击鼠标右键，在弹出的快捷菜单中选择【PowerClip 内部】命令，此时鼠标指针变成➡形状，单击右侧的对象，如图 3-85 所示。

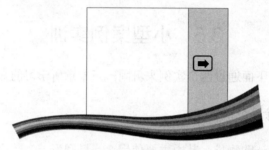

图 3-85　选择对象

(6) 使用同样的方法，右击对象，在弹出的快捷菜单中选择【PowerClip 内部】命令，此时光标变成➡形状，单击左侧的对象，效果如图 3-86 所示。

(7) 将素材文件中的其他对象，复制到如图 3-87 所示的位置处。

图 3-86　制作完成后的效果　　　　　　　　图 3-87　复制其他对象

(8) 在工具箱中单击【星形工具】按钮，绘制一个多边星形，然后为其填充颜色并去除轮廓，效果如图 3-88 所示。

(9) 在工具箱中单击【椭圆形工具】按钮，移动鼠标指针到适当位置，绘制一个如图 3-89 所示的正圆，将【填充颜色】和【轮廓颜色】设置为黄色。

(10) 在工具箱中单击【3 点椭圆形工具】按钮，绘制椭圆，为绘制的椭圆填充白色，效果如图 3-90 所示。

图 3-88　绘制多边星形效果

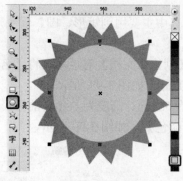

图 3-89　绘制圆

图 3-90　绘制椭圆

(11) 使用同样的方法绘制两个椭圆，分别填充颜色，效果如图 3-91 所示。

(12) 同时选择绘制的 3 个椭圆，按键盘上的+键复制其副本，然后在工具箱中单击【选择工具】按钮，将其移动到适当的位置，如图 3-92 所示。

(13) 在工具箱中选择和工具，在眼睛的下方绘制一个如图 3-93 所示的形状，然后为其填充黑色。

图 3-91　绘制椭圆效果

图 3-92　复制对象

图 3-93　绘制形状效果

(14) 使用上面介绍的方法绘制如图 3-94 所示的对象。

(15) 然后调整其位置，效果如图 3-95 所示。

(16) 使用【钢笔工具】，绘制如图 3-96 所示的对象。

图 3-94　绘制后的效果

图 3-95　调整绘制

图 3-96　最终效果

3.5.2　绘制提示牌

下面将讲解如何绘制提示牌，其中主要用到矩形、圆、箭头形状工具，效果如图 3-97 所示。

(1) 按 Ctrl+N 组合键，弹出【创建新文档】对话框，将【名称】设置为【提示牌】，将【宽度】和【高度】都设置为 80mm，如图 3-98 所示。

(2) 按 F6 键，绘制一个宽度为 55mm、高度为 68mm 的矩形，将【圆角半径】设置为 3mm，设置【填充颜色】和【轮廓颜色】，如图 3-99 所示。

图 3-97　提示牌

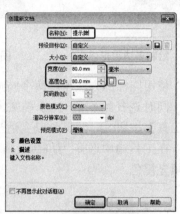

图 3-98　创建新文档

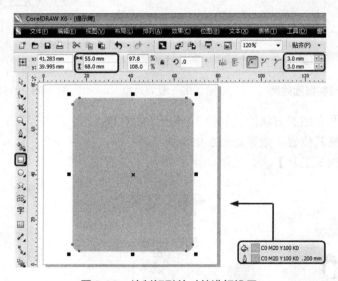

图 3-99　绘制矩形并对其进行设置

(3) 再次使用【矩形工具】，绘制一个宽度为 37mm、高度为 45mm 的矩形，将【圆角半径】设置为 7mm，将【轮廓宽度】设置为 2.5mm，如图 3-100 所示。

(4) 使用【椭圆形工具】，绘制圆，将【填充颜色】设置为黑色，如图 3-101 所示。

(5) 使用【钢笔工具】绘制如图 3-102 所示的对象，将【填充颜色】设置为黑色，如图 3-102 所示。

图 3-100　对矩形进行设置　　　　图 3-101　填充圆　　　　图 3-102　绘制对象

(6)　在工具箱中单击【箭头形状工具】按钮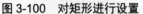，绘制箭头，如图 3-103 所示。

(7)　按小键盘上的+键，对其进行复制，单击属性栏中的 按钮，然后调整箭头的位置，如图 3-104 所示。

(8)　单击【矩形工具】按钮，绘制两个矩形，将【填充颜色】设置为黑色，如图 3-105 所示。

图 3-103　绘制箭头　　图 3-104　复制对象并调整其位置　　图 3-105　绘制矩形

本 章 小 结

本章主要介绍了如何使用矩形工具、椭圆形工具、多边形工具和其他几何图形工具绘制几何图形的方法。学习本章时，要注意知识要点与实例的结合，在学习几何工具主要功能的同时多加操作，已达到灵活使用这些工具的目的。

习　　题

1. 在使用【椭圆形工具】时怎样绘制正圆形？
2. 使用绘图工具绘制简单的图案。
3. 抽象图形有哪几种？

第 4 章

曲线的绘制与编辑

本章要点：

- 绘制基本曲线。
- 编辑与更改曲线属性。
- 绘制特殊线型。
- 艺术笔工具的使用。
- 度量工具的使用。
- 连接器工具的使用。

学习目标：

- 掌握曲线的特性。
- 掌握编辑曲线的方法。
- 运用基础知识学会实例操作。

4.1　绘制基本曲线

在 CorelDRAW 中，绘图工具可以绘制出各种图形、线条、箭头、曲线等，这些工具包括【手绘工具】 、【艺术笔工具】 、【矩形工具】 、【椭圆形工具】 、【基本形状工具】 、【多边形工具】 ，【复杂星形工具】 等。下面将详细介绍各种工具的使用。

4.1.1　使用【手绘工具】

【手绘工具】具有很强大的自由性，就像是平常大家用铅笔在图纸上作画一样，但它比铅笔更加方便，可以在没有标尺的情况下绘制直线，用户还可以通过设定轮廓的样式与宽度来绘制所需的图形与线条等。

1. 绘制直线线段

在工具箱中单击【手绘工具】按钮 ，在场景的空白处单击鼠标右键，然后拖动鼠标至另外一点单击左键即可确定一条选段，如图 4-1 所示。

2. 连续绘制线段

继续单击【手绘工具】按钮 ，绘制一条线段后，将光标移动到线段节点上，当光标变为 时单击鼠标左键，然后移动光标至合适位置单击鼠标左键即可创建折线，如图 4-2 所示。

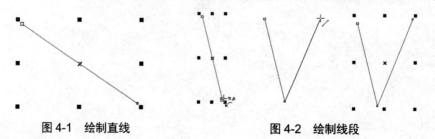

图 4-1　绘制直线　　　　　　　　　　　图 4-2　绘制线段

提示：在连续绘制线段时，当起点与终点重合时，便会形成一个面，此时用户可以
对其进行颜色填充和效果添加等操作。利用这种方式用户可以绘制出各种抽
象的几何形状，如图 4-3 所示。

3. 绘制曲线

单击【手绘工具】按钮 ，在场景中按住鼠标左键并进行拖曳，松开鼠标之后便绘制
出曲线形状，如图 4-4 所示。

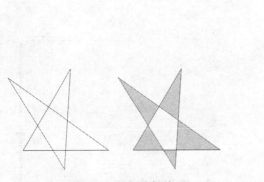

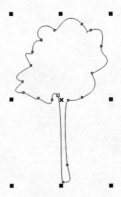

图 4-3　绘制几何体　　　　　　　　　　图 4-4　绘制曲线

4. 在线段上绘制曲线

单击【手绘工具】按钮 ，在场景中单击鼠标左键绘制一条线段，然后将光标拖曳至
末尾的节点上，当光标变为 时按住鼠标左键并拖曳进行曲线绘制，绘制效果如图 4-5
所示。

图 4-5　在线段上绘制曲线

提示：不但可以在直线段上接连绘制曲线，也可以在曲线上绘制曲线，可穿插
使用。

当使用【手绘工具】 时，按住鼠标左键进行拖曳绘制出错时，可以在没松开鼠标前
按住 Shift 键往回拖动鼠标，当绘制的线段变为红色时，松开鼠标进行擦除即可。

【实例 4-1】绘制曲线

下面将通过实例讲解使用【手绘工具】绘制曲线，具体操作步骤如下。

(1) 按 Ctrl+N 组合键，新建一个空白文档，在工具箱中单击【手绘工具】按钮 ，如
图 4-6 所示。

(2) 将鼠标指针移动到画面中，按住左键进行拖动，得到所需的长度与形状后松开左
键，即可绘制出需要的曲线或图形(此时绘制的图形处于选择状态，可以方便用户对其进行

修改)，如图 4-7 所示。

图 4-6　选择手绘工具　　　　　　　　图 4-7　绘制图形

4.1.2　使用贝塞尔工具

贝塞尔曲线是计算机图形学中非常重要的参数曲线，无论是直线或曲线都能通过数学表达式予以描述。

【贝塞尔工具】是由可编辑节点连接而成的直线或曲线，而且每个节点都有两个控制点，用户可以通过调整控制点来修改线条的形状，其原理如图 4-8 所示。

【实例 4-2】贝塞尔工具

下面将通过实例讲解如何使用贝塞尔工具，具体操作步骤如下。

(1) 在工具箱中单击【贝塞尔工具】按钮　，在工作区中的任意位置单击确定起点，然后在其他位置单击并拖动添加第二点，即可绘制出曲线路径，如图 4-9 所示。

(2) 绘制好曲线后，在工具箱中单击【形状工具】按钮，对绘制的曲线进行调整即可。

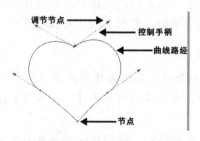

图 4-8　贝塞尔工具的工作原理　　　　　　　图 4-9　绘制曲线路径

（3）在工具箱中单击【贝塞尔工具】按钮，在场景中单击鼠标左键确定第一点位置，然后在不同位置直接单击鼠标左键即可绘制出直线图形，完成效果如图 4-10 所示。

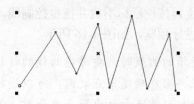

图 4-10　绘制直线路径

4.1.3　使用钢笔工具

【钢笔工具】和【贝塞尔工具】相似，通过控制节点的位置连接绘制的直线和曲线，在绘制之后通过【形状工具】进行调整修饰，使图形更加美观。

使用【钢笔工具】可以绘制各种线段、曲线和复杂的图形。在绘制的过程中，【钢笔工具】可以使我们预览到绘制拉伸的状态，方便进行移动修改。

在工具箱中单击【钢笔工具】按钮，如果未在绘图页中选择或绘制任何对象，其属性栏中的部分选项为不可用状态。只有在绘图页面中绘制并选中对象后，其属性栏中的一些不可用的选项才会成为可用选项，如图 4-11 所示。

图 4-11　选择对象后的属性栏

钢笔工具的基本操作有以下两种。

1．绘制直线和折线

在工具箱中单击【钢笔工具】按钮，在场景中的空白处单击鼠标左键确定起点的位置，然后拖动鼠标便会出现蓝色线条，如图 4-12 所示。选择结束端点位置并双击鼠标可完成线段的绘制，如图 4-13 所示。

当绘制折线时，将光标移动到结束的端点上，当指针变为时单击鼠标左键，便可继续在线段上连续绘制。当起点和端点重合时便形成闭合路径，此时用户可以对其进行填充，如图 4-14 所示。

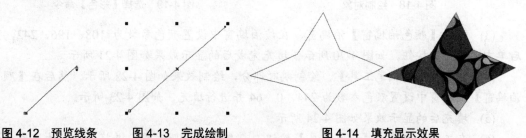

图 4-12　预览线条　　图 4-13　完成绘制　　图 4-14　填充显示效果

提示：在绘制直线时按住 Shift 键，可以绘制水平线段、垂直线段或 15° 递进的线段。

2. 绘制曲线

在工具箱中单击【钢笔工具】按钮，在场景中的空白处单击鼠标左键确定起点的位置，拖动鼠标到下一个节点位置按住鼠标不放并拖曳控制线，如图 4-15 所示。松开鼠标左键并移动，会有蓝色弧线可进行预览，如图 4-16 所示。

提示：当用户在绘制连续的曲线时，要考虑曲线的转折，使用【钢笔工具】绘图可以预览线段效果。当在确定节点之前，可以进行修改；当位置不合适时，可以进行调整。当起始节点和结束节点重合时，形成闭合路径，可以进行填充操作，如图 4-17 所示。

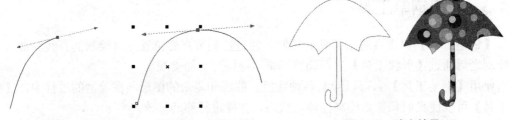

图 4-15　拖曳控制线　　　　图 4-16　预览效果　　　　图 4-17　填充效果

【实例 4-3】利用钢笔工具绘制鹅

下面将通过实例讲解如何使用钢笔工具绘制图形对象，具体操作步骤如下。

(1) 首先新建一个空白文档，在工具箱中单击【钢笔工具】按钮，绘制鹅的大体轮廓，如图 4-18 所示。

(2) 选中绘制的图形对象，在工具箱中单击【填充工具】按钮，在弹出的下拉菜单中选择【彩色】命令，如图 4-19 所示。

图 4-18　绘制对象

图 4-19　选择【彩色】命令

(3) 弹出【颜色泊坞窗】泊坞窗，在该泊坞窗中设置颜色参数为 108、196、242，然后单击【填充】按钮，如图 4-20 所示。填充完成后的显示效果如图 4-21 所示。

(4) 继续使用【钢笔工具】，绘制鹅冠部分，绘制效果如图 4-22 所示。然后在【颜色泊坞窗】泊坞窗中设置颜色参数为 244、0、64 并进行填充，如图 4-23 所示。

(5) 填充后的显示效果如图 4-24 所示。

(6) 在工具箱中单击【钢笔工具】按钮，绘制鹅的眼对象，并将其填充为黑色，填充效果如图 4-25 所示。

图 4-20　设置颜色参数　　图 4-21　填充效果　　图 4-22　绘制图形对象　　图 4-23　设置颜色参数

图 4-24　填充效果　　　　　图 4-25　绘制眼对象并填充

(7)　使用【钢笔工具】绘制鹅的翅膀，如图 4-26 所示。然后在工具箱中单击【填充】按钮 ，在弹出的下拉菜单中选择【渐变填充】命令，如图 4-27 所示。

(8)　弹出【渐变填充】对话框，在该对话框中将【类型】设置为【辐射】，在【颜色调和】选项组中选择【双色】选项，将【从】的颜色参数设置为 108、196、242，将【到】的颜色参数设置为白色，如图 4-28 所示。

　　　　　　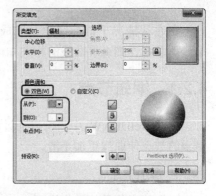

图 4-26　绘制翅膀　　　图 4-27　选择【渐变填充】命令　　　图 4-28　设置渐变参数

(9)　设置完成后单击【确定】按钮，完成后的显示效果如图 4-29 所示。

(10) 在工具箱中选择【轮廓笔】选项，在弹出的下拉菜单中选择 1.5mm，如图 4-30 所示。

(11) 在工具箱中单击【钢笔工具】按钮 ，绘制鹅掌，绘制效果如图 4-31 所示。

(12) 在工具箱中选择【填充颜色】选项，在弹出的下拉菜单中选择【色彩】命令，在弹出的【颜色泊坞窗】泊坞窗中设置颜色参数为 245、220、5，然后单击【填充】按钮，

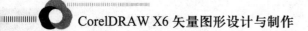

如图 4-32 所示。填充后的显示效果如图 4-33 所示。

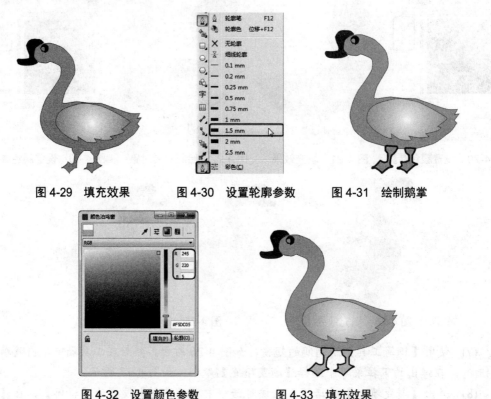

图 4-29　填充效果　　　　图 4-30　设置轮廓参数　　　　图 4-31　绘制鹅掌

图 4-32　设置颜色参数　　　　图 4-33　填充效果

4.2　编辑与更改曲线属性

在通常情况下，曲线绘制完成后还需要对其进行精确的调整，以达到需要的表现效果。下面将详细讲解曲线的相关知识。

4.2.1　编辑节点

在 CorelDRAW 中，可以通过添加节点将曲线形状调整得更加精确，也可以通过删除多余的节点使曲线更加平滑。

1. 添加节点

添加节点的具体操作步骤如下。

(1) 在工具箱中单击【星形工具】按钮，在页面的空白位置处创建一个星形对象并选中，然后单击鼠标右键，在弹出的快捷菜单中选择【转换为曲线】命令，如图 4-34 所示。

(2) 在工具箱中单击【形状工具】按钮，在图形上需要添加节点的位置处单击鼠标左键，如图 4-35 所示。

(3) 在属性栏中单击【添加节点】按钮，即可在指定的位置处添加一个新的节点，如图 4-36 所示。

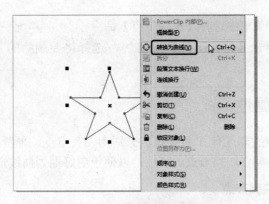

图 4-34　选择【转换为曲线】命令

图 4-35　单击鼠标左键

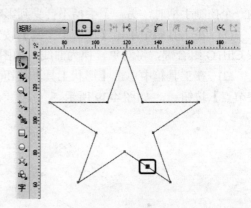

图 4-36　添加节点

提示： 为对象添加节点最为简洁的方法就是直接使用【形状工具】，在曲线上需要添加节点的位置处双击鼠标左键即可。

2. 删除节点

在实际操作中，需要删除一些多余的节点，在 CorelDRAW 中提供了以下几种方法删除节点。

- 在工具箱中单击【形状工具】按钮，然后单击或框选将要删除的节点，在属性栏中单击【删除节点】按钮即可，如图 4-37 所示。

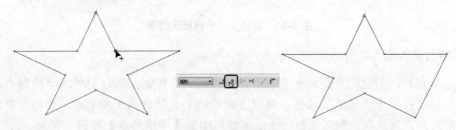

图 4-37　删除节点

- 在工具箱中单击【形状工具】按钮，然后双击需要删除的节点。
- 在工具箱中单击【形状工具】按钮，选择需要删除的节点，然后单击鼠标右键在弹出的快捷菜单中选择【删除节点】命令。

● 在工具箱中单击【形状工具】按钮 ，选择将要删除的节点，然后按键盘上的 Delete 键即可。

4.2.2 更改曲线属性

在 CorelDRAW 中的节点有 3 种类型，分别为尖突节点、平滑节点和对称节点。在编辑曲线的过程中，经常需要转换节点的属性，以便于更好地为曲线造型。

1. 将节点转换为尖突节点

将节点转换为尖突节点后，尖突节点两端的控制手柄成为相对独立的状态。当用户移动一个控制手柄时，另一个手柄不会受到影响。

(1) 在工具箱中单击【椭圆形工具】按钮 ，并在空白页面中创建一个椭圆形对象，按 Ctrl+Q 组合键，将对象转换为曲线，如图 4-38 所示。

(2) 在工具箱中单击【形状工具】按钮 并选取一个节点，然后在属性栏中单击【尖突节点】按钮 ，如图 4-39 所示。

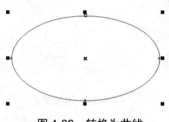
图 4-38　转换为曲线

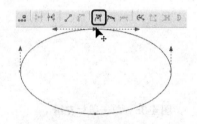
图 4-39　单击【尖突节点】按钮

(3) 变为尖突节点后，拖动其中一个控制点的显示效果如图 4-40 所示。

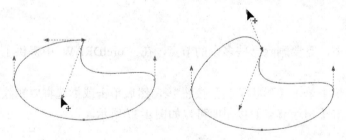
图 4-40　拖动尖突节点显示效果

2. 将节点转换为平滑节点

平滑节点两边的控制点是相互关联的，当移动一个控制点时，另外一个控制点也会随之发生变化，产生平滑过渡的曲线。曲线上新增的节点默认为平滑节点。要将尖突节点转换为平滑节点，只需在选取节点后，单击属性栏中的【平滑节点】按钮 即可。

3. 将节点转换为对称节点

对称节点是指在平滑节点特征的基础上，使各个控制线的长度相等，从而使平滑节点两边的曲线率也相等。

4. 闭合和断开曲线

通过【连接两个节点】功能，可以将同一个对象上断开的两个相邻的节点连接成一个节点，从而是使不封闭图形成为封闭图形。同理，使用【断开曲线】功能，可以将曲线上的一个节点在原来的位置分离为两个节点，从而断开曲线的连接，使图形由封闭状态变为不封闭状态。使用该方法，还可以将多个节点连接成的曲线分离成多条独立的线段。

【实例 4-4】闭合和断开曲线

下面将通过实例讲解如何闭合和断开曲线，具体的操作步骤如下。

(1) 在工具箱中单击【钢笔工具】按钮 ，并创建一个不闭合的图形，使用【形状工具】同时按住 Shift 键，选取断开的两个相邻的节点，如图 4-41 所示。

(2) 在属性栏中单击【连接两个节点】按钮 ，即可完成连接，如图 4-42 所示。

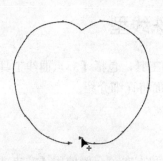 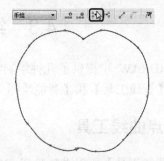

图 4-41　选择相邻的节点　　　　图 4-42　单击【连接两个节点】按钮

(3) 使用【形状工具】选择将要断开的节点，如图 4-43 所示。

(4) 在属性栏中单击【断开曲线】按钮 ，并拖动其中的一个节点，此时可以看到源节点已经被断开成为独立的两个节点，如图 4-44 所示。

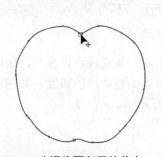 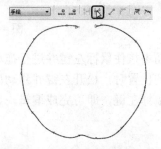

图 4-43　选择将要断开的节点　　　　图 4-44　单击【断开曲线】按钮

5. 自动闭合曲线

使用【自动闭合曲线】功能，可以将绘制的开放式曲线的起始节点和终止节点自动闭合，形成闭合曲线。自动闭合曲线的操作步骤如下。

(1) 在工具箱中单击【贝塞尔工具】按钮 ，在空白页面中创建一个开放式曲线，如图 4-45 所示。

（2）使用【形状工具】并按住 Shift 键，单击曲线的起始节点和终止节点将其同时选中，然后在属性栏中单击【自动闭合曲线】按钮，即可将曲线自动闭合成为封闭曲线如图 4-46 所示。

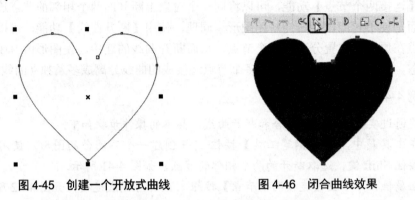

图 4-45　创建一个开放式曲线　　　　图 4-46　闭合曲线效果

4.3　绘制特殊线型

在 CorelDRAW 中提供了几种绘制特殊线型的工具，包括【3 点曲线工具】、【B 样条工具】、【折线工具】和【智能绘图工具】，下面将详细介绍。

4.3.1　3 点曲线工具

【3 点曲线工具】可以准确地确定曲线的弧度和方向，一般使用【3 点曲线工具】可以绘制各种弧度的曲线或饼形等。

在工具箱中单击【3 点曲线工具】按钮，用户可以在属性栏中设置【轮廓宽度】、【线条样式】等参数，如图 4-47 所示。

图 4-47　属性栏

在空白页面中按住鼠标左键并进行拖动，会出现一条直线可以预览，如图 4-48 所示；当拖曳至合适的位置时，松开左键并移动鼠标，可以调整曲线的弧度，如图 4-49 所示；调整完成后单击鼠标左键，即可完成编辑，如图 4-50 所示。

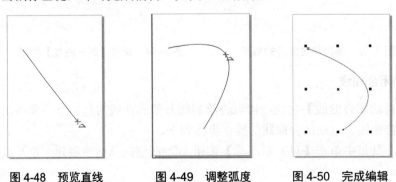

图 4-48　预览直线　　　　图 4-49　调整弧度　　　　图 4-50　完成编辑

4.3.2　B 样条工具

【B 样条工具】是通过创建控制点来创建连续平滑的曲线的。

在工具箱中单击【B 样条工具】按钮 ，将鼠标指针放置在页面的空白处，单击鼠标左键确定第一个控制点，再移动鼠标并拖曳出一条实线与虚线重合的线段，如图 4-51 所示。然后将鼠标指针移动至合适的位置确定第二个控制点。

在确定第二个控制点后，移动鼠标，此时实线与虚线被分离开来，如图 4-52 所示。实线表示绘制的曲线，虚线为连接控制点的控制线。继续增加控制点直到闭合控制点，在闭合控制线时将自动生成平滑曲线，如图 4-53 所示。

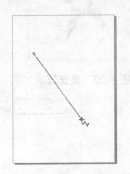 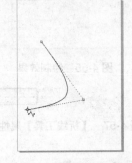 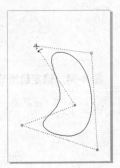

　　图 4-51　实线与虚线重合　　　图 4-52　实线与虚线分离　　　图 4-53　平滑曲线

提示：在编辑 B 样条线完成后，可以通过使用【形状工具】调整控制点来修改曲线，在编辑曲线时，只要双击鼠标左键即可；在绘制闭合曲线时，直接将控制点闭合即可。

4.3.3　折线工具

【折线工具】主要用于方便快捷地创建复杂几何形和折线。

与【钢笔工具】不同的是，折线工具可以像使用手绘工具一样按住左键一直拖动，以绘制出所需的曲线，也可以通过不同位置的两次单击得到一条直线段。而钢笔工具则能通过单击并移动或单击并拖动来绘制直线段、曲线与各种形状的图形，并且它在绘制的同时可以在曲线上添加锚点，同时按住 Ctrl 键还可以调整锚点的位置以达到调整曲线形状的目的。

提示：在使用【手绘工具】时，按住鼠标左键并拖曳至合适的位置，松开鼠标左键即可完成图形的绘制；而使用【折线工具】时，在按住鼠标左键并拖曳至合适的位置松开鼠标左键后，还可以继续绘制，直到返回到起点位置处单击或双击才停止绘制。

在工具箱单击【折线工具】按钮 ，在页面空白处单击鼠标左键确定起始节点，移动鼠标键将出现一条线段，如图 4-54 所示；然后在合适的位置单击鼠标右键确定第二个节点的位置，继续绘制形成复杂折线，绘制完成后双击鼠标左键即可完成编辑，如图 4-55 所示；当编辑完成后的图形为闭合图形时，可以对其进行填充，填充效果如图 4-56 所示。

在属性栏中显示有工具的相关选项，用户可以设置折线的大小、起始中止箭头、线条样式、轮廓宽度等参数，如图 4-57 所示。【折线工具】与【手绘工具】的属性栏基本相同，只是【手绘平滑】选项不可用。如图 4-58 所示为设置线条样式和轮廓宽度后的显示效果。

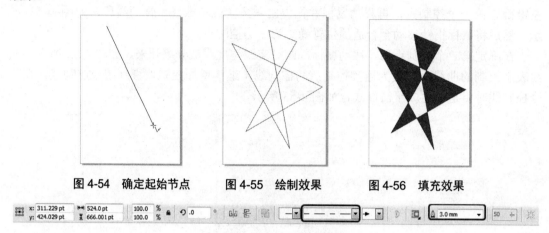

图 4-54　确定起始节点　　　图 4-55　绘制效果　　　图 4-56　填充效果

图 4-57　【折线工具】属性栏

图 4-58　设置参数效果

4.3.4　智能绘图工具

使用【智能绘图工具】绘制图形时，可以将手绘笔触转换成近似的基本形状或平滑的曲线，另外，还可以通过属性栏的选项来改变识别等级和所绘制图形的轮廓宽度。

使用【智能绘图工具】既可以绘制单一的图形，也可以绘制多个图形，在属性栏将显示它的相关选项，如图 4-59 所示。

图 4-59　属性栏

1. 绘制单一的图形

在工具箱中单击【智能绘图工具】按钮 ，在页面空白处单击鼠标左键，绘制图形，如图 4-60 所示；当松开鼠标后，将自动将手绘笔触转换为与所绘制形状近似的图形，如图 4-61 所示。

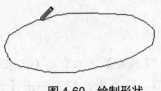

图 4-60　绘制形状

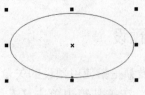

图 4-61　转换为椭圆

2. 绘制多个图形

在绘制的过程中，当绘制的前一个图形为未自动平滑前，可以继续绘制下一个图形，如图 4-62 所示。当松开鼠标左键以后，图形将自动平滑，并且绘制的图形会形成同一组编辑对象，如图 4-63 所示。

图 4-62　绘制多个形状

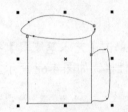

图 4-63　形成同一组编辑对象

当鼠标指针为双向箭头形状 时，拖曳绘制的图形可以改变图形的大小，如图 4-64 所示；当鼠标指针为十字箭头形状 时，可以移动图形的位置，如图 4-65 所示。在移动的同时单击鼠标右键，还可以进行复制。

图 4-64　改变大小

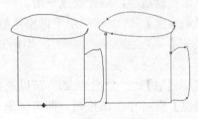

图 4-65　移动图形

提示：在使用【智能绘图工具】绘制图形的过程中，如果对绘制的形状不满意，还可以对其进行擦除，擦除的方法就是按住 Shift 键反向拖动鼠标。

4.4　艺术笔工具的使用

使用【艺术笔工具】可以快速地创建系统提供的图案或笔触效果，并且绘制出的对象为封闭路径，可以对其进行填充，如图 4-66 所示。

艺术笔类型分为【预设】、【笔刷】、【书法】、【喷涂】和【压力】5 种，在属性栏中选择参数进行设置。

图 4-66　填充效果

4.4.1 预设

【预设】是指使用预设的矢量图形来绘制曲线。【预设】艺术笔是【艺术笔工具】的效果之一，在工具箱中单击【艺术笔工具】按钮 ，在其属性栏中单击【预设】按钮 ，即可将属性栏变为预设属性栏，如图 4-67 所示。

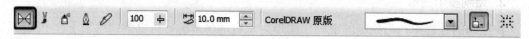

图 4-67　预设属性栏

4.4.2 笔刷

在工具箱中单击【艺术笔工具】按钮 ，在属性栏中单击【笔刷】按钮 ，将属性栏转换为笔刷属性栏，如图 4-68 所示。其中各选项的功能如下。

图 4-68　笔刷属性栏

- 【笔刷】 ：绘制与着色的笔刷笔触相似的曲线。
- 【手绘平滑】 ：在创建手绘曲线时主要用于控制笔触的平滑度，其数值范围为 0～100，数值越低笔触路径就越曲折，节点就越多；反之，笔触路径就越圆滑，节点就越少，路径就越平滑。
- 【笔触宽度】 ：用于调整笔触的宽度。调整范围是 0.762～254mm。
- 【类别】 ：为所选的艺术笔工具选择一个类别，如图 4-69 所示。
- 【笔刷笔触】 ：可以选择想要应用的笔刷笔触效果。
- 【浏览】 ：单击该按钮，即可弹出【浏览文件夹】对话框，如图 4-70 所示，可以选择外部自定义的艺术画笔笔触文件夹。

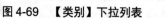

图 4-69　【类别】下拉列表　　　图 4-70　【浏览文件夹】对话框

- 【保存艺术笔触】 ：将当前绘图页中选中的图形另存为自定义笔触，单击该按钮即可弹出【另存为】对话框。
- 【删除】 ：删除自定义的艺术笔触。

4.4.3　书法

【书法】是指通过笔锋角度变化绘制书法笔笔触相似的效果。

在【艺术笔工具】的属性栏中单击【书法】按钮 🖊，将属性栏转换为书法属性栏，如图 4-71 所示。

图 4-71　书法属性栏

使用【书法】工具可以在绘制线条时模拟钢笔书法的效果。在绘制书法线条时，其粗细会随着笔头的角度和方向的改变而改变。使用【形状工具】可以改变所选书法控制点的角度，从而改变绘制线条的角度，并控制书法线条的粗细。

4.4.4　喷涂

【喷涂】是指通过喷涂一组预设图案进行绘制。

在工具箱中单击【艺术笔工具】按钮 🖌，在属性栏中单击【喷涂】按钮 🖻，将属性栏转换为喷涂属性栏，如图 4-72 所示。

图 4-72　喷涂属性栏

【实例 4-5】利用喷涂工具绘制图形

(1) 新建一个文档，在工具箱中单击【艺术笔工具】按钮 🖌，在属性栏中单击【喷涂】按钮 🖻，将喷涂类别定义为【食物】，将喷射图样设置为【糖豆豆】，将喷涂顺序定义为【顺序】，然后在绘图页中绘制图形，如图 4-73 所示。

(2) 使用相同的方法绘制一个相反的心形图形，如图 4-74 所示。

图 4-73　绘制图形

图 4-74　绘制其他图形

4.4.5 压力工具

使用艺术笔工具中的压力工具，可创建各种粗细的压感线条。可以使用鼠标或压感钢笔和图形蜡板来创建这种效果。两种方法绘制的线条都有曲边，而且路径的各部分宽度都不同。

4.5 度量工具的使用

在 CorelDRAW X6 中为用户提供了【平行度量工具】、【水平或垂直度量工具】、【角度量工具】、【线段度量工具】和【3 点标注工具】。通过使用这些工具可以快速地测量出对象水平方向、垂直方向的距离，也可以测量倾斜的角度。下面将一一介绍。

4.5.1 平行度量工具

【平行度量工具】主要用于为对象测量任意角度上两个节点间的实际距离，并添加标注。

在工具箱中单击【平行度量工具】按钮，然后将鼠标指针移到需要测量对象的节点上，当鼠标指针旁边出现【节点】字样时，按住鼠标左键向下拖曳，如图 4-75 所示；然后将其拖曳至下面的节点上松开鼠标确定测量距离，如图 4-76 所示；最后将鼠标移动到场景的空白位置处，单击鼠标左键添加文本，如图 4-77 和图 4-78 所示。

图 4-75　【节点】字样

图 4-76　确定第二个节点

图 4-77　拖曳标注线

图 4-78　显示标注

4.5.2 水平或垂直度量工具

【水平或垂直度量工具】主要用于为对象测量水平或垂直角度上两个节点间的实际距离，并添加标注。

在工具箱中单击【水平或垂直度量工具】按钮，将鼠标指针移动到需要测量对象的节点上，当光标旁边出现【节点】字样时，按住鼠标左键向下或左右拖曳，将会出现水平或垂直的测量线，如图 4-79 和图 4-80 所示。拖曳至合适的位置处松开鼠标，即可完成对象的测量，如图 4-81 所示。

图 4-79　向下拖曳　　　　　图 4-80　向右拖曳　　　　　　图 4-81　测量效果

4.5.3　角度量工具

【角度量工具】主要时用于准确地测量对象的角度。

在工具箱中单击【角度量工具】按钮，将鼠标指针放置在将要测量的角度的交会处，单击鼠标左键确定第一点，如图 4-82 所示，然后将鼠标沿角度的一条边拖动确定第二点(确定角的一条边)，如图 4-83 所示。拖动鼠标指定第三点位置，确定夹角大小，如图 4-84 所示。最后单击左键确定即可，标注完成后的角度显示效果如图 4-85 所示。

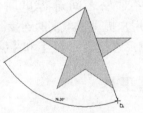

图 4-82　指定第一个点　　图 4-83　确定第一条边　　图 4-84　确定夹角　　图 4-85　标注效果

4.5.4　线段度量工具

【线段度量工具】主要用于自动捕捉测量两个节点间线段的距离。

在工具箱中单击【线段度量工具】按钮，将鼠标指针放置在将要测量的线段上，单击鼠标左键自动捕捉当前线段，如图 4-86 所示；拖动鼠标指针至合适的位置确定文本位置，如图 4-87 所示；然后单击鼠标左键确定即可，标注效果如图 4-88 所示。

图 4-86　捕捉线段　　　　图 4-87　确定文本位置　　　　图 4-88　标注效果

4.5.5　3 点标注工具

【3 点标注工具】主要用于快速为对象添加折线标注文字。

在工具箱中单击【3 点标注工具】按钮 ，将鼠标指针移动至将要标注的对象上，如图 4-89 所示；然后单击鼠标左键并拖曳确定第二点的位置，如图 4-90 所示；松开鼠标后再继续拖曳一段距离单击鼠标左键确定文本位置，如图 4-91 所示；最后输入文本完成标注，完成效果如图 4-92 所示。

 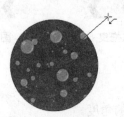 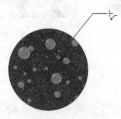 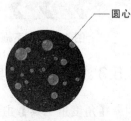

图 4-89　指定对象　　　图 4-90　指定第二点　　　图 4-91　确定文本位置　　　图 4-92　标注效果

4.6　连接器工具的使用

连接器工具可以将对象之间进行串联，并在移动对象时保持连接状态。在 CorelDRAW X6 中，为用户提供了丰富的连接器工具，包括【直线连接器工具】、【直角连接器工具】、【直角圆形连接器工具 】和【编辑锚点工具】，下面将进行详细的介绍。

4.6.1　直线连接器工具

【直线连接器工具】主要用于创建对象间的直线连接线。

在工具箱中单击【直线连接器工具】按钮 ，将鼠标指针移动至需要进行连接的节点上，然后单击鼠标左键移动到相应的链接节点上，松开鼠标后便完成连接，如图 4-93 所示。连接对象完成后，在移动时连接线将随之移动，如图 4-94 所示。

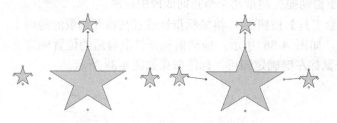 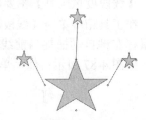

图 4-93　连接效果　　　　　　　　　　图 4-94　移动效果

4.6.2　直角连接器工具与直角圆形连接器工具

【直角连接器工具】与【直角圆形连接器工具】类似，【直角连接器工具】主要用于创建水平和垂直的直角线段连线，而【直角圆形连接器工具】主要用于创建水平和垂直的圆直角线段连线。

在工具箱中单击【直角连接器工具】按钮，然后将鼠标指针移动到将要连接的节点上，松开鼠标完成连接，连接效果如图 4-95 所示。连接完成后，在移动对象时连接形状将随着移动变化，如图 4-96 所示。

图 4-95　连接效果　　　　　　　　　　图 4-96　移动效果

在工具箱中单击【直角圆形连接器工具】按钮，其连接方式同【直角连接器工具】相同，连接效果如图 4-97 所示，在属性栏中用户可以设置【圆形直角】的大小来决定圆角的弧度，且数值越大弧度越大，如图 4-98 所示；当数值为 0 时，连接线将变为直线。

图 4-97　【圆形直角】为 3 的连接线　　　图 4-98　【圆形直角】为 6 的连接线

4.6.3　编辑锚点工具

【编辑锚点工具】主要用于修饰连接线、变更连接线节点等操作。

在工具箱中单击【编辑锚点工具】按钮，用鼠标左键单击需要变更方向的连接锚点，如图 4-99 所示。然后在属性栏中单击【调整锚点方向】按钮，并在激活的文本框中设置其参数，按 Enter 键确定，如图 4-100 所示。设置完成后的显示效果如图 4-101 所示。

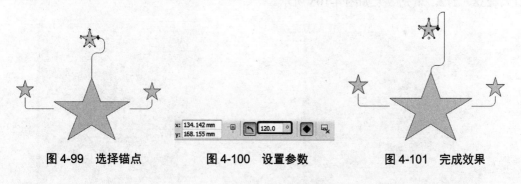

图 4-99　选择锚点　　　　图 4-100　设置参数　　　　图 4-101　完成效果

4.7　小型案例实训

下面将通过绘制彩虹伞和指示牌来应用本章主要讲解的知识。

4.7.1　绘制彩虹伞

本案例将讲解如何绘制彩虹伞，主要应用了贝塞尔工具、钢笔工具等。彩虹伞显示效果如图 4-102 所示。

（1）启动 CorelDRAW X6 软件，按 Ctrl+N 组合键，弹出【创建新文档】对话框，在该对话框中将【名称】设置为"彩虹伞"，将【宽度】设置为 283.0mm，将【高度】设置为 283.0mm，如图 4-103 所示。

图 4-102　彩虹伞

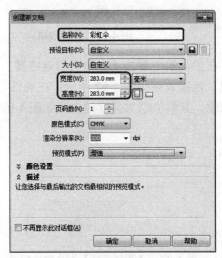

图 4-103　【创建新文档】对话框

（2）设置完成后单击【确定】按钮。在工具箱中双击【矩形工具】按钮，绘制一个同页面同样大小的矩形，并将矩形填充颜色 RGB 参数设置为 199、230、232，填充效果如图 4-104 所示。

（3）在工具箱中单击【基本形状工具】按钮，在属性栏的【完美形状】下拉菜单中选择合适的形状，进行绘制，绘制完成后并对其进行填充，将填充颜色 RGB 参数设置为 217、238、272，填充效果如图 4-105 所示。

图 4-104　填充效果

图 4-105　填充效果

(4) 在工具箱中单击【轮廓笔工具】按钮 ，在其下拉菜单中选择【无轮廓】命令，去除轮廓。然后使用相同的方法绘制其他雨滴对象，绘制效果如图 4-106 所示。

(5) 在工具箱中单击【钢笔工具】按钮 ，绘制如图 4-107 所示形状。

图 4-106　完成效果

图 4-107　绘制图形效果

(6) 绘制完成后去除轮廓，效果如图 4-108 所示。

(7) 在工具箱中单击【赛贝尔工具】按钮 ，绘制如图 4-109 所示的伞形状。

图 4-108　显示效果

图 4-109　绘制效果

(8) 将绘制的伞形状填充为红色。在工具箱中单击【矩形工具】按钮 ，在属性栏中将【圆角半径】设置为 90°，绘制完成后将其填充为黑色，显示效果如图 4-110 所示。

(9) 使用同样的方法绘制其他矩形对象并填充，绘制效果如图 4-111 所示。

图 4-110　填充效果

图 4-111　绘制效果

(10) 取消伞形状的轮廓显示。在工具箱中单击【钢笔工具】按钮 ，绘制如图 4-112 所示的形状并将其填充。

(11) 使用相同的方法绘制其他对象并填充不同的颜色，完成效果如图 4-113 所示。

图 4-112　绘制对象并填充

图 4-113　完成效果

4.7.2　绘制指示牌

本案例将讲解如何绘制指示牌，主要应用了工笔工具、转换为曲线、调整节点等知识点。指示牌显示效果如图 4-114 所示。

(1)　启动 CorelDRAW X6 软件，打开"素材\Cha04\指示牌素材 1.cdr"素材文件，如图 4-115 所示。

图 4-114　指示牌

图 4-115　打开素材

(2)　在工具箱中单击【钢笔工具】按钮，绘制一个轮廓。然后在工具箱中单击【填充工具】按钮，在弹出的下拉菜单中选择【渐变填充】命令，弹出【渐变填充】对话框，在该对话框中将【类型】设置为【线性】，在【颜色调和】选项组中选择【双色】选项，将【从】的颜色参数设置为 102、51、0，将【到】的颜色参数设置为 204、102、51，设置完成后单击【确定】按钮即可，填充效果如图 4-116 所示。

(3)　在工具箱中单击【钢笔工具】按钮，绘制如图 4-117 所示的形状。

(4)　在工具箱中单击【填充工具】按钮，在弹出的下拉菜单中选择【渐变填充】命令，弹出【渐变填充】对话框。在该对话框中将【类型】设置为【线性】，在【颜色调和】选项组中选择【自定义】选项，设置如图 4-118 所示的颜色。

(5)　填充完成后取消轮廓的显示，填充效果如图 4-119 所示。

(6)　在工具箱中单击【钢笔工具】按钮，绘制如图 4-120 所示的形状。

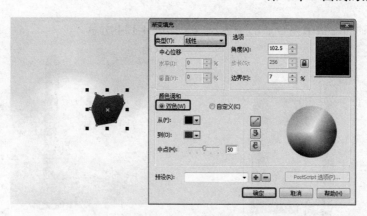

图 4-116　填充效果

图 4-117　绘制形状效果

图 4-118　设置颜色参数

图 4-119　填充效果

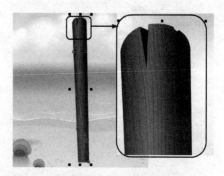

图 4-120　绘制形状

(7)　将绘制的形状填充为深度不同的红褐色，填充效果如图 4-121 所示。

(8)　按 Ctrl+I 组合键，导入"素材\Cha04\指示牌素材 2.cdr"素材文件，并将其调整至如图 4-122 所示的位置。

(9)　在工具箱中单击【钢笔工具】按钮 ，绘制如图 4-123 所示的形状。

(10) 将绘制的形状填充合适的颜色，效果如图 4-124 所示。

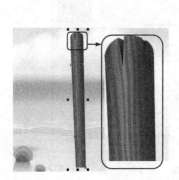

图 4-121　填充效果

图 4-122　添加素材效果

图 4-123　绘制形状效果

图 4-124　填充效果

(11) 继续使用【钢笔工具】绘制如图 4-125 所示的形状。

(12) 将绘制的形状填充合适的颜色，效果如图 4-126 所示。

图 4-125　绘制形状

图 4-126　填充效果

(13) 在工具箱中单击【文本工具】按钮 字 ，将每个字母单独输入，完成效果如图 4-127 所示。

(14) 按住 Shift 键选中所有的字母对象，然后单击鼠标右键，在弹出的快捷菜单中选择【转换为曲线】命令，如图 4-128 所示。

图 4-127　输入文本效果

图 4-128　选择【转换为曲线】命令

(15) 将字母对象转换为曲线后，在工具箱中单击【形状工具】按钮，选择其中的一个字母调整起点的位置，完成效果如图 4-129 所示。

(16) 使用同样的方法调整其他字母的节点，最终效果如图 4-130 所示。

图 4-129　调整节点

图 4-130　绘制对象并填充

(17) 在工具箱中单击【钢笔工具】按钮，绘制如图 4-131 所示的形状。

(18) 对绘制的形状填充合适的颜色，效果如图 4-132 所示。

(19) 按 Ctrl+I 组合键，导入"素材\Cha04\指示牌素材 3.cdr"素材文件，并将其调整至如图 4-133 所示的位置。

图 4-131　完成效果

图 4-132　填充效果

图 4-133　完成效果

本 章 小 结

本章节主要讲解了在 CorelDRAW X6 中曲线绘制方法和技巧，能运用不同的工具绘制出不同曲线，了解不同的曲线具有不同的作用。

习 题

1. 删除节点有哪几种方法？
2. 在 CorelDRAW 中提供了哪几种绘制特殊线型的工具？

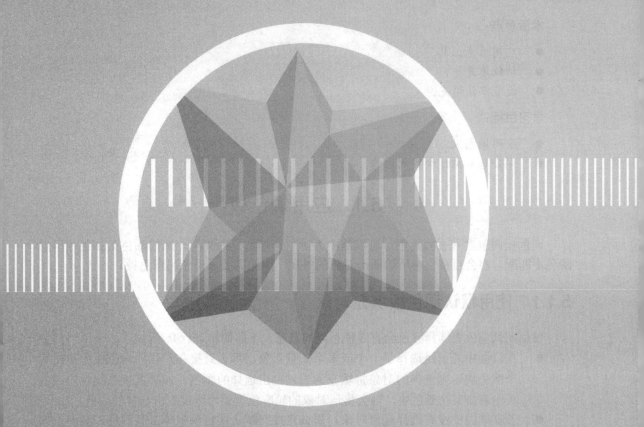

第 5 章

颜色应用与填充

本章要点:

● 应用填充工具。
● 特殊填充。
● 设置默认填充。

学习目标:

● 应用调色板。
● 学会基本操作和实例操作。

5.1 应用调色板

调色板内包含一系列纯色,可以从中为对象选择填充内部和轮廓的颜色。如果使用的颜色不匹配,将会直接影响所绘图形对象的外观,因此需要正确使用调色板。

5.1.1 使用默认调色板填充对象

使用默认调色板选择颜色会有 3 种不同的情况,下面简单进行介绍。

● 在画面中若已经选择了一个或多个矢量对象,那么直接在默认的调色板中单击某个颜色块,则选择的对象将填充为通过单击选择的颜色。如果直接在默认的调色板中右击某个颜色块,则会将该对象的轮廓色设置为通过右击选择的颜色。

● 若在画面中没有选择任何对象,那么直接在默认调色板中单击某颜色,会弹出如图 5-1 所示的【更改文档默认值】对话框,用户可根据需要选择所需的选项,选择完成后单击【确定】按钮,即可使所有新绘制的对象填充颜色设置为所单击的颜色。如果用户直接在默认的调色板中右击某个颜色,也会弹出如图 5-1 所示的【更改文档默认值】对话框,用户可根据需要选择选项,选择完成后单击【确定】按钮,即可使所有新绘制的对象轮廓色设置为右击的颜色。

● 如果用户需要选择与默认调色板中颜色相似的颜色,则需要在默认的调色板中按住该颜色,将弹出与所选颜色相似的颜色,如图 5-2 所示,然后松开鼠标左键,将光标移至所需的颜色上单击或右击,即可将单击或右击的颜色设置为对象的填充颜色或轮廓颜色。

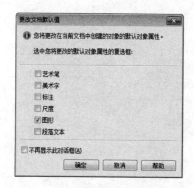

图 5-1 【更改文档默认值】对话框

图 5-2 弹出的相似颜色

5.1.2　创建与编辑自定义调色板

在 CorelDRAW X6 中，可以使用【调色板编辑器】对话框来创建自定义的调色板。选择菜单栏中的【工具】|【调色板编辑器】命令，弹出【调色板编辑器】对话框，如图 5-3 所示。

图 5-3　【调色板编辑器】对话框

1. 创建自定义调色板

在【调色板编辑器】对话框中单击【新建调色板】按钮，弹出【新建调色板】对话框，设置调色板的文件名，如图 5-4 所示；单击【保存】按钮即可，如图 5-5 所示。

图 5-4　【新建调色板】对话框

图 5-5　【调色板编辑器】对话框

2. 编辑自定义调色板

在创建自定义调色板后，可以对调色板进行编辑。下面将讲解【调色板编辑器】对话框中各选项的使用方法。

- 【添加颜色】按钮：单击该按钮，在弹出的【选择颜色】对话框中自定义一种颜色，然后单击【加到调色板】按钮即可，如图 5-6 所示。添加后的效果如图 5-7

所示。

- 【编辑颜色】按钮：在【调色板编辑器】对话框的颜色列表框中选择要更改的颜色，然后单击【编辑颜色】按钮，在【选择颜色】对话框中自定义一种颜色，如图 5-8 所示。单击【确定】按钮，即可完成编辑，如图 5-9 所示。

图 5-6　【选择颜色】对话框

图 5-7　添加后的效果

图 5-8　编辑颜色

图 5-9　设置完成后的效果

- 【删除颜色】按钮：在颜色列表框中选择要删除的颜色，然后单击【删除颜色】按钮即可。

提示：单击【删除颜色】按钮，此时弹出如图 5-10 所示的对话框，单击【是】按钮，即可删除所选颜色。取消选中【再次显示该对话框】复选框，可取消该提示对话框的再次显示。

图 5-10　CorelDRAW X6 提示对话框

- 【将颜色排序】按钮：单击该按钮，在展开的下拉列表中可选择所需的排序方式，使颜色选择区域中的颜色按指定的方式重新排序。
- 【重置调色板】按钮：单击该按钮，可以重置调色板所有的颜色。
- 【名称】文本框：用于显示所选颜色的名称。

5.2　应用填充工具

本节将讲解如何应用填充工具，其中包括均匀填充、渐变填充、图样填充、底纹填充、PostScript 填充。

5.2.1　均匀填充

均匀填充是可以使用颜色模型和调色板来选择或创建的纯色。

通过调色板为对象填充颜色是一种标准填充方式，另一种填充方式是通过【均匀填充】对话框为对象填充颜色。与调色板不同的是，在【均匀填充】对话框中可以精确设置颜色的数值。

单击【填充工具】按钮，在弹出的下拉列表中选择【均匀填充】选项，可打开【均匀填充】对话框。

1. 使用【模式】选项卡

使用【模型】选项卡设置颜色的方法如下。

(1) 在【均匀填充】对话框中选择【模型】选项卡，单击【模型】下拉列表框，从弹出的下拉列表中选择一种色彩模式，如图 5-11 所示。

(2) 选择彩色模式后，即可直接在颜色窗口中选择颜色，此时在右侧可以显示出所选择的颜色，也可以对右侧的参数进行调整，从而得到所需的颜色。

(3) 在【名称】下拉列表框中可以选择预先定义好的一种颜色名称，对话框中将显示出所选颜色的有关信息，如图 5-12 所示。

图 5-11　色彩模型下拉列表

图 5-12　选择定义好的颜色

（4） 在选择一种颜色后，如果单击【选项】按钮，将弹出如图 5-13 所示的下拉菜单，从中可以选择相应的命令做进一步的设置。

（5） 设置完颜色后，单击【确定】按钮，即可将设置的颜色填充到所选的对象中。

2. 使用【混和器】选项卡

使用【混和器】选项卡设置颜色的方法如下。

（1） 在【均匀填充】对话框中选择【混和器】选项卡，可显示出该选项参数，如图 5-14 所示。

（2） 在【色度】下拉列表框中选择一种色相；在【变化】下拉列表框中选择颜色变化的去向；通过调节【大小】滑块，可以设置颜色块的多少。

（3） 单击【选项】按钮，弹出其下拉菜单，从中选择【混和器】|【颜色调和】命令，如图 5-15 所示。

图 5-13　弹出下拉菜单

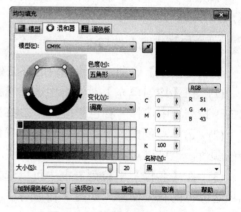

图 5-14　【混合器】选项卡

（4） 在【模型】下拉列表框中选择一种颜色类型，然后分别设置颜色窗口 4 个角的颜色，并通过调节【大小】滑块来设置色彩窗口中的格点大小，要选择颜色，只需要将鼠标指针移至视图窗口中单击即可。

（5） 设置完成后，单击【确定】按钮，即可将设置的颜色填充到所选的对象中。

3. 使用【调色板】选项卡

使用【调色板】选项卡设置颜色的方法如下。

（1） 在【均匀填充】对话框中选择【调色板】选项卡，可显示出该选项参数，如图 5-16 所示。在【调色板】下拉列表框中可选择各种印刷工业中常用的标准调色板。

（2） 在【名称】下拉列表框中选择一个颜色名称，此时颜色窗口中可显示出该颜色。

（3） 单击【打开】按钮，弹出【打开调色板】对话框，在此对话框中可选择预设的一些调色板。单击【打开】按钮，即可将其添加到调色板下拉列表中。

(4) 设置完成后，单击【确定】按钮，即可将设置的颜色填充到所选对象中。

【实例 5-1】填充【福】字

下面将讲解如何使用【均匀填充】工具填充【福】字，其具体操作步骤如下。

(1) 打开 "素材\Cha05\【福】字.cdr" 素材文件，如图 5-17 所示。

(2) 选择图形对象，单击【填充工具】按钮，在弹出的下拉菜单中选择【均匀填充】命令，如图 5-18 所示。

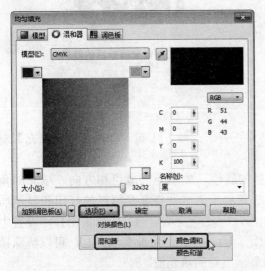

图 5-15　【混和器】选项卡的颜色调和显示方式

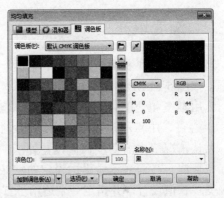

图 5-16　【调色板】选项卡

图 5-17　打开素材文件

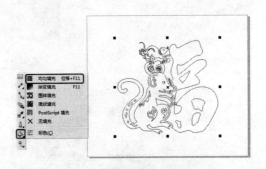

图 5-18　选择【均匀填充】命令

(3) 弹出【均匀填充】对话框，选择【模型】选项卡，单击【模型】下拉按钮，在弹出的下拉列表中选择 RGB 选项，将颜色值设置为 255、0、0，单击【确定】按钮，如图 5-19 所示。

(4) 设置完成后查看效果即可，如图 5-20 所示。

图 5-19　设置【均匀填充】参数

图 5-20　设置完成后的效果

5.2.2　渐变填充

渐变填充有 4 种类型：线性、射线、圆锥和正方形。按 F11 键，弹出【渐变填充】对话框，如图 5-21 所示。

应用渐变填充时，可以指定所选填充类型的属性，如填充的颜色和方向、填充的角度、中心点、中点和边衬。还可以通过指定渐变步长值来调整渐变填充的打印和显示质量。默认情况下，渐变步长值设置处于锁定状态，因此渐变填充的打印质量由打印设置中的指定值决定，而显示质量由设定的默认值决定。但是，在应用渐变填充时，可以解除锁定渐变步长值设置，并指定一个适用于打印与显示质量的填充值。

在【类型】下拉列表框中选择所需的渐变类型，如线性、射线、圆锥或正方形，如图 5-22 所示。

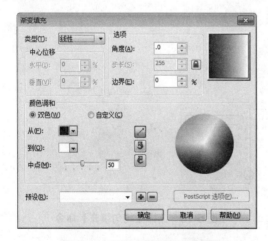

图 5-21　【渐变填充】对话框

线性　　　　射线　　　　圆锥　　　　正方形

图 5-22　渐变填充的类型

【实例 5-2】填充文字

下面将讲解如何利用双色渐变填充文字，其具体操作步骤如下。

(1)　打开 "素材\Cha05\填充文字-素材.cdr" 素材文件，如图 5-23 所示。

(2) 选择所有的图形对象，打开【渐变填充】对话框，选中【双色】单选按钮，将【从】设置为红色，将【到】设置为【洋红色】，如图 5-24 所示。

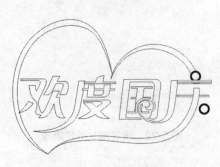

图 5-23　打开素材文件

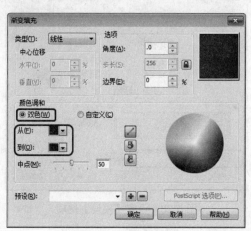

图 5-24　设置渐变填充

(3) 填充后的效果如图 5-25 所示。

【实例 5-3】填充脚丫

下面将讲解如何利用双色渐变填充脚丫，其具体操作步骤如下。

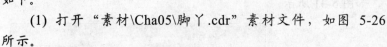

图 5-25　填充文字

(1) 打开 "素材\Cha05\脚丫.cdr" 素材文件，如图 5-26 所示。

(2) 选择脚丫，打开【渐变填充】对话框，选中【自定义】单选按钮，单击【预设】下拉按钮，如图 5-27 所示。

图 5-26　打开素材文件

图 5-27　选中【自定义】单选按钮

(3) 在弹出的菜单中选择【柱面-粉红色】选项，如图 5-28 所示。

(4) 单击【确定】按钮，将脚丫的轮廓线设置为【无】，如图 5-29 所示。

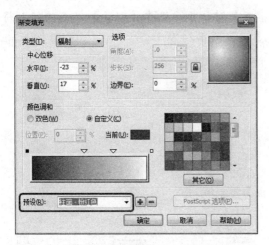

图 5-28　设置【预设】选项　　　　　　　图 5-29　设置脚丫的轮廓线

【实例 5-4】填充光盘

下面将讲解如何填充光盘，其具体操作步骤如下。

(1) 使用【椭圆形工具】绘制椭圆，并使用【选择工具】调整椭圆的位置，如图 5-30 所示。

(2) 选择外侧的圆，弹出【渐变填充】对话框，选中【自定义】单选按钮，将【预设】设置为【圆锥-银色】，如图 5-31 所示。

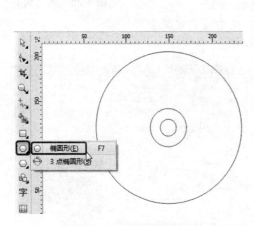

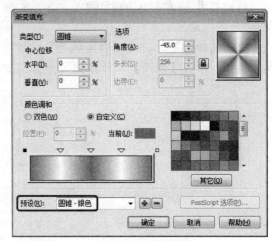

图 5-30　绘制椭圆　　　　　　　　　图 5-31　设置渐变填充

(3) 添加帧并设置颜色，如图 5-32 所示。

(4) 单击【确定】按钮。选择最小的圆，为其填充白色；选择稍微大一点的圆，设置颜色，如图 5-33 所示。

(5) 选择所有对象，在✕按钮上单击鼠标右键，将轮廓线设置为【无】，如图 5-34 所示。

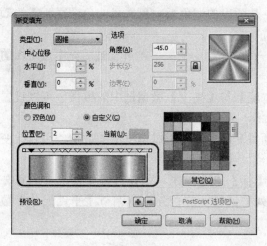

图 5-32　添加帧并设置颜色

图 5-33　设置圆的颜色

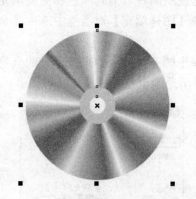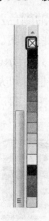

图 5-34　设置轮廓线

5.2.3　图样填充

除了标准填充与渐变填充外，CorelDRAW X6 中还提供了图样填充功能，用户可以根据需要来选择预设的图样填充封闭的对象，以产生一定的效果。图样填充包括双色填充、全色填充和位图填充。

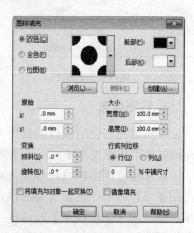

图 5-35　【图样填充】对话框

1. 双色填充

双色填充可使用由两种颜色构成的图案进行填充。在【填充工具】组中选择【图样填充】工具，弹出【图样填充】对话框，选中【双色】单选按钮，可显示该选项参数，如图 5-35 所示。

- 单击图案下拉列表框，可弹出其下拉列表，从中可以选择预设的图案。

- 单击【前部】与【后部】下拉按钮，从弹出的调色板中可选择双色图样所需的颜色，如图 5-36 所示。
- 在【原始】选项组中，通过设置 X、Y 微调框中的数值，可设置填充中点所在的坐标位置。
- 在【大小】选项组中，通过设置【宽度】与【高度】微调框中的数值，可以设置图案的大小。
- 在【变换】选项组中，通过设置【倾斜】与【旋转】微调框中的数值，可以改变图案的倾斜角度与旋转角度。
- 在【行或列位移】选项组中，选中【行】单选按钮，可设置行平铺尺寸的百分比；选中【列】单选按钮，可设置列平铺尺寸的百分比；调节【平铺尺寸】数值，可指定行或列错位的百分比。

2. 全色填充

全色图样支持更多的颜色，它使用两种以上的颜色和灰度填充对象。全色图样可以是矢量图案，也可以是位图图案。在【图样填充】对话框中选中【全色】单选按钮，可显示出该选项参数，如图 5-37 所示。

单击图案下拉列表框，可从弹出的下拉列表中选择预设的全色图样。设置其他选项的参数，单击【确定】按钮，即可将所选的全色图样填充到对象中，如图 5-38 所示。

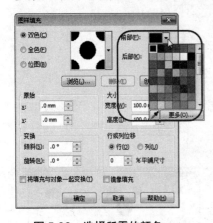
图 5-36　选择所需的颜色

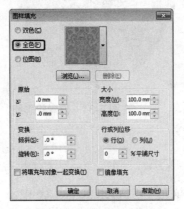
图 5-37　选中【全色】单选按钮

图 5-38　填充对象后的效果

3. 位图填充

位图填充可使用预设的或导入的位图图像来填充对象。与全色填充不同的是，位图填充只能使用位图进行填充，而不能使用矢量图填充，且位图图样可以被保存或删除。

要使用位图图样填充对象，可在【图样填充】对话框中选中【位图】单选按钮，然后在图案下拉列表中选择需要的预设图案；或单击【浏览】按钮，在弹出的对话框中选择位图图像。在【图样填充】对话框中设置其他选项参数，单击【确定】按钮，即可为对象填充位图图样。

【实例 5-5】填充老鼠

下面将讲解如何填充老鼠，其具体操作步骤如下。

(1) 打开"素材\Cha05\老鼠.cdr"素材文件，如图 5-39 所示。

(2) 选择老鼠图形，单击 按钮，在弹出的下拉菜单中选择【图样填充】命令，如图 5-40 所示。

图 5-39　打开素材文件　　　　图 5-40　选择【图样填充】命令

(3) 弹出【图样填充】对话框，选中【全色】单选按钮，选择需要的图案，将【大小】选项组中的【宽度】和【高度】都设置为 50mm，如图 5-41 所示。

(4) 单击【确定】按钮，效果如图 5-42 所示。

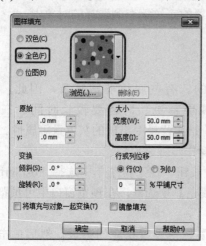

图 5-41　设置【图样填充】

图 5-42　填充后的效果

5.2.4　底纹填充

使用底纹填充可以赋予对象自然的外观。在 CorelDRAW 中提供了许多预设的底纹填充，而且每种底纹均有一组可以更改的选项。用户可以在【底纹填充】对话框中使用任意颜色或调色板中的颜色来自定义底纹，但底纹填充只能包含 RGB 颜色。

在【填充工具】组中选择【底纹填充】工具，弹出【底纹填充】对话框，如图 5-43 所示。在【底纹库】下拉列表框中可以选择不同的底纹库，在【底纹列表】列表框中选择底纹样式，并可根据所选的底纹样式在对话框右侧设置底纹的亮度以及密度等参数，以产生出各种不同的底纹图案。

在【底纹填充】对话框中选择并设置完底纹样式后，单击【选项】按钮，弹出【底纹选项】对话框，如图 5-44 所示，在【位图分辨率】下拉列表框中可选择所需的分辨率，也可直接输入数值来改变位图的分辨率。

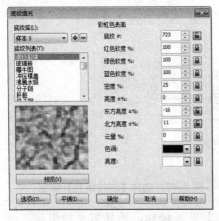

图 5-43　【底纹填充】对话框　　　　　　　　图 5-44　【底纹选项】对话框

在【底纹填充】对话框中单击【预览】按钮，可以查看底纹的效果。

设置完成后，单击【确定】按钮，即可将所设置的底纹填充到选择的对象中。

5.2.5　PostScript 填充

PostScript 填充是使用 PostScript 语言创建的。有些底纹非常复杂，因此，包含 PostScript 底纹填充的比较大的对象，在打印或屏幕更新时需要较长时间。在应用 PostScript 填充时，可以更改大小、线宽、底纹的前景和背景中出现的灰色量等属性。

应用 PostScript 底纹填充效果，可通过以下的操作步骤来完成。

(1) 选择需要填充的图形，单击【填充工具】按钮，在下拉菜单中选择 PostScript 命令，弹出【PostScript 底纹】对话框，选中【预览填充】复选框，在预览窗口中可预览所选的底纹样式，如图 5-45 所示。

(2) 在样本列表框中选择样本，并在【参数】栏中设置相应的参数，然后单击【确定】按钮，填充效果如图 5-46 所示。

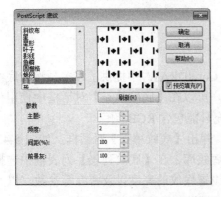

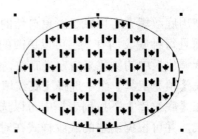

图 5-45　【PostScript 底纹】对话框　　　　　　图 5-46　填充效果

提示：在应用 PostScript 底纹填充时，可以更改底纹大小、线宽，以及底纹的前景或背景中出现的灰色量等参数。在【PostScript 底纹】对话框中选择不同的底纹样式，其参数设置也会相应发生改变。

5.3　特殊填充

下面将讲解如何特殊填充对象，其中包括交互式填充、网状填充、智能填充、颜色滴管工具、开放曲线填充。

5.3.1　使用交互式填充工具

使用交互式填充工具可以为对象进行无填充、均匀填充、线性渐变填充、辐射渐变填充、圆锥渐变填充、正方形渐变填充、双色图样填充、全色图样填充、位图图样填充、底纹填充和 Postscript 填充等。

用户如果在属性栏的【填充类型】下拉列表中选择了【线性】、【辐射】、【圆锥】、【正方形】、【双色图样】、【全色图样】、【位图图样】、【底纹填充】或【Postscript 填充】，如图 5-47 所示，则可以直接在画面中拖动方形(菱形或圆形)控制柄来调整所填充的内容。

图 5-47　属性栏中的【填充类型】

【实例 5-6】交互式填充图形

下面以实例的形式对交互式填充工具进行讲解。

(1) 打开 "素材\Cha05\交互式文本.cdr" 素材文件，如图 5-48 所示。

(2) 在工具箱中单击【选择工具】按钮 ，选择【激情五一】文字，如图 5-49 所示。

(3) 在工具箱中单击【填充工具】 按钮，在属性栏中选择【线性】选项，将第一个颜色块的颜色设置为黄色，将第二个颜色块的颜色设置为橘黄色，然后在画面调整渐变的范围，如图 5-50 所示。

图 5-48　打开素材文件

图 5-49　选择文字

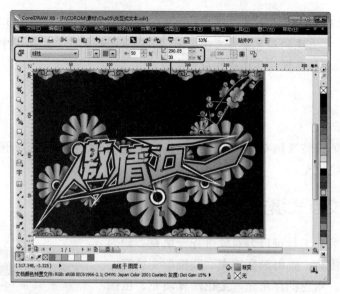

图 5-50　调整渐变的范围

5.3.2　给对象进行网状填充

在 CorelDRAW 中可以给对象进行网状填充，从而产生立体三维效果，是各种颜色混合后而得到独特的效果。例如，可以创建任何方向的平滑的颜色过渡，而无须创建调和或轮廓图。应用网状填充时，可以指定网格的列数和行数，而且可以指定网格的交叉点。创建网状对象之后，可以通过添加和移除节点或交点来编辑网状填充网格，也可以移除网状。

【网状填充工具】可以生成一种比较细腻的渐变效果，通过设置网状节点颜色，实现不同颜色之间的自然融合，更好地对图形进行变形和多样填色处理，从而可增强软件在色彩渲染上的能力。

【网状填充工具】属性栏如图 5-51 所示。

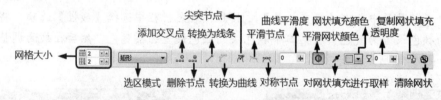

图 5-51　【网状填充工具】属性栏

- 【网格大小】：设置网状填充网格中的行数和列数。
- 【选区模式】：在矩形和手绘选取框之间进行切换。
- 【添加交叉点】：在网状填充网格中添加一个交叉点，如图 5-52 所示。
- 【删除节点】：删除节点，改变曲线对象的形状。
- 【转换为线条】：将曲线段转换为直线，如图 5-53 所示。

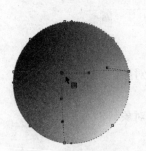

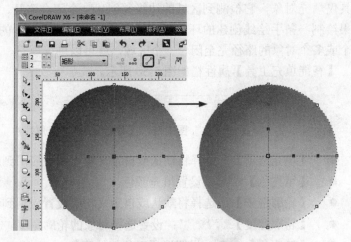

图 5-52　添加交叉点　　　　　　　　　图 5-53　转换为线条

- 【转换为曲线】：将线段转换为曲线，可通过控制柄更改曲线形状，如图 5-54 所示。
- 【尖突节点】：通过将节点转换为尖突节点，在曲线中创建一个锐角。
- 【平滑节点】：通过将节点转换为平滑节点，来提高曲线的圆滑度。
- 【对称节点】：将同一曲线形状应用到节点的两侧。
- 【对网状填充进行取样】：从桌面对要应用于选定节点的颜色进行取样。
- 【网状填充颜色】：选择要应用于选定节点的颜色，如图 5-55 所示。

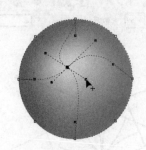

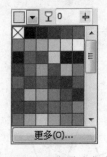

图 5-54　转换为曲线　　　　　　　　　图 5-55　网状填充颜色

- 【透明度】：显示所选节点区域下层的对象。
- 【曲线平滑度】：通过更改节点数量调整曲线的平滑度。
- 【平滑网状颜色】：减少网状填充中的硬边缘。
- 【复制网状填充】：将文档中另一个对象的网状填充属性应用到所选对象。
- 【清除网状】：移除对象中的网状填充。

提示：网状填充只能应用于闭合对象或单条路径。

5.3.3　智能填充工具

对任意闭合区域进行填充，可以使用智能填充工具。与其他填充工具不同，智能填充工具仅填充对象，它检测到区域的边缘并创建一个闭合路径，因此可以填充区域。例如，如果绘制一条手绘线创建的环，智能填充工具可以检测到环的边缘并对其进行填充。只要一个或多个对象的路径完全闭合一个区域，就可以进行填充。

【智能填充工具】属性栏如图 5-56 所示。

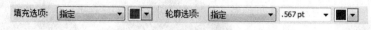

图 5-56　【智能填充工具】属性栏

- 【填充选项】：选择将默认或自定义填充属性应用到新对象。
- 【填充色】■▼：设置填充颜色。
- 【轮廓选项】：选择将默认或自定义轮廓设置应用到新对象。
- 【轮廓宽度】.567pt▼：设置选择对象的轮廓宽度。
- 【轮廓色】■▼：设置选择对象的轮廓色。

【实例 5-7】智能填充对象

下面来介绍智能填充工具的使用方法。

(1) 打开"素材\Cha05\智能填充对象.cdr"素材文件，如图 5-57 所示。

(2) 在工具栏中单击【智能填充工具】按钮▣，在属性栏中设置【填充色】，将【轮廓选项】设置为无轮廓，在需要填充的区域单击鼠标左键填充颜色，如图 5-58 所示。

图 5-57　打开素材文件

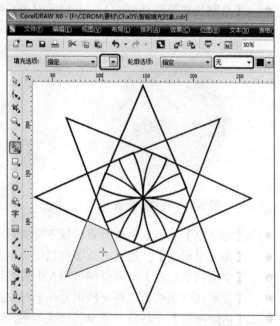

图 5-58　填充对象

(3) 使用相同的方法更改填充颜色，对图形进行填充。完成智能填充后的效果如图 5-59 所示。

(4) 选择填充后的对象，将【轮廓选项】设置为无，如图 5-60 所示。

图 5-59　智能填充对象

图 5-60　设置轮廓线

5.3.4　使用颜色滴管工具

要用滴管工具吸取颜色，可单击工具箱中的【滴管工具】按钮 ，将鼠标指移至绘图页中，此时鼠标显示为 形状，在需要吸取颜色的对象上单击鼠标左键即可吸取颜色。

5.3.5　填充开放曲线

默认状态下，CorelDRAW 只能对封闭的曲线填充颜色。如果要使开放的曲线也能填充颜色，就必须更改工具选项的设置。

在菜单栏中选择【布局】|【页面设置】命令，弹出【选项】对话框，在左侧列表框选择【常规】选项，在右侧选中【填充开放式曲线】复选框，如图 5-61 所示，然后单击【确定】按钮，即可对开放曲线填充颜色，如图 5-62 所示。

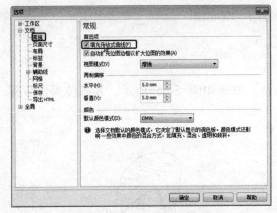

图 5-61　【常规】选项设置

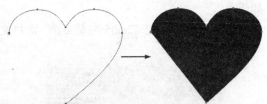

图 5-62　填充开放式曲线的效果

5.4　设置默认填充

在 CorelDRAW 中，默认状态下绘制出的图形没有填充色，只有黑色轮廓。而默认状态下输入的段落文本，都会填充为黑色。如果要在创建的图形、艺术效果和段落文本中应用新的默认填充颜色，可通过以下的操作步骤来完成。

(1) 在工具箱中单击【选择工具】按钮，在绘图窗口中的空白区域内单击，取消所有对象的选取。

(2) 按 Shift+F11 组合键，弹出如图 5-63 所示的对话框。

(3) 单击【确定】按钮，弹出【均匀填充】对话框，在其中设置好新的默认填充颜色，然后单击【确定】按钮即可，如图 5-64 所示。

(4) 返回至绘图窗口，使用绘图工具绘制一个图形对象，该对象即被填充为新的默认颜色。

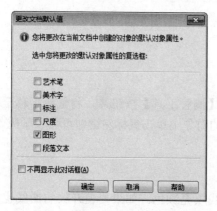

图 5-63　【更改文档默认值】对话框

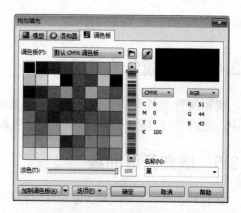

图 5-64　【均匀填充】对话框

5.5　小型案例实训

下面通过绘制拖鞋和小鱼案例来巩固本章所学习的知识。

5.5.1　填充拖鞋

下面讲解如何利用【图样填充】填充拖鞋，效果如图 5-65 所示。其具体操作步骤如下。

(1) 打开"素材\Cha05\拖鞋.cdr"素材文件，如图 5-66 所示。

图 5-65　填充拖鞋

图 5-66　打开素材文件

（2）选择如图 5-67 所示的对象，在工具栏中单击【填充工具】按钮 ，在弹出的下拉菜单中选择【图样填充】命令，弹出【图样填充】对话框，选中【全色】单选按钮，设置图样，将【大小】选项组中的【宽度】和【高度】都设置为 10mm，如图 5-67 所示。

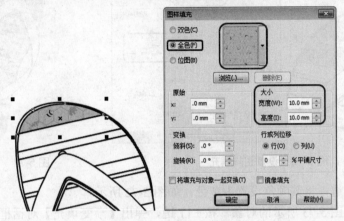

图 5-67　设置图样填充

（3）选择如图 5-68 所示的对象，打开【图样填充】对话框，选中【双色】单选按钮，设置图样为 ，将【前部】的 RGB 值设置为 102、183、45，将【后部】的 RGB 值设置为 134、194、68，将【大小】选项组中的【高度】和【宽度】都设置为 5mm，在【列或行位移】选项组中选中【列】单选按钮，单击【确定】按钮，效果如图 5-68 所示。

（4）选择如图 5-69 所示的对象，设置对象的颜色。

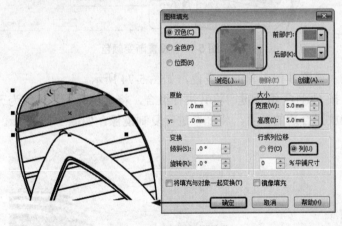

图 5-68　设置图样填充

图 5-69　设置对象的颜色

（5）选择如图 5-70 所示的对象，打开【图样填充】对话框，选中【双色】单选按钮，设置图样为 ，将【前部】的 RGB 值设置为 244、179、179，将【后部】的 RGB 值设置为 234、99、109，将【大小】选项组中的【高度】和【宽度】都设置为 4mm，单击【确定】按钮。

（6）使用同样的方法，填充其他的对象，如图 5-71 所示。

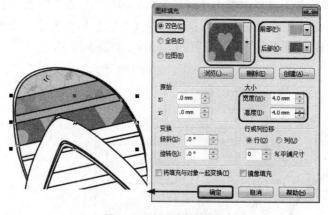

图 5-70　设置图样填充

图 5-71　填充对象

（7）选择鞋边，将其颜色设置为黄色，如图 5-72 所示。

（8）选择如图 5-73 所示的对象，按 F11 键，弹出【渐变填充】对话框，然后对其进行设置，如图 5-73 所示。

图 5-72　设置鞋边的颜色

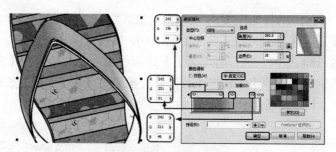

图 5-73　设置渐变颜色

（9）使用上面介绍的方法，设置其他对象的渐变色，如图 5-74 所示。

（10）选择填充后的对象，按 Ctrl+G 组合键，将其进行组合，将【轮廓线】设置为无。设置页面的背景，然后将拖鞋放置合适的位置，将拖鞋进行复制镜像，如图 5-75 所示。

图 5-74　设置对象的渐变色

图 5-75　最终效果

5.5.2　填充小鱼

下面将讲解如何填充小鱼，效果如图 5-76 所示。其具体操作步骤如下。

(1) 打开"素材\Cha05\鱼-素材.cdr"素材文件，如图 5-77 所示。

(2) 选择白色的部分，设置填充颜色，将 CMYK 值设置为 74、0、25、0，效果如图 5-78 所示。

图 5-76　最终效果

图 5-77　打开素材文件

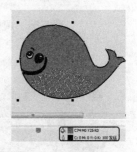

图 5-78　设置鱼的填充颜色

(3) 选择鱼鳞部分，将 CMYK 值设置为 66、18、25、41，如图 5-79 所示。

(4) 单击【钢笔工具】按钮 ，绘制一个如图 5-80 所示的对象，将 CMYK 值设置为 0、9、24、6。

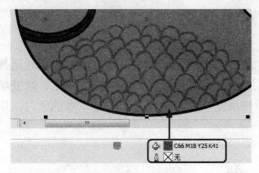

图 5-79　设置鱼鳞的颜色

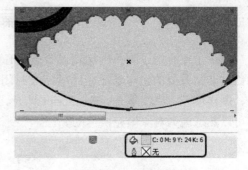

图 5-80　绘制对象

(5) 将绘制的对象放置于鱼鳞的下方，如图 5-81 所示，具体操作为在绘制的对象上单击鼠标右键，在弹出的快捷菜单中选择【顺序】|【置于此对象后】命令，然后选择鱼鳞对象，调整其位置。

(6) 使用绘图工具，绘制如图 5-82 所示的对象，并为其填充颜色，将 CMYK 值设置为 16、9、25、0。

(7) 再次使用绘图工具，绘制图 5-83 所示的对象，为其填充颜色。

(8) 最后使用【基本形状工具】和【钢笔工具】，绘制如图 5-84 所示的对象，然后使用【形状工具】适当调整一下对象，最后填充自己喜欢的颜色，将其进行保存即可。

图 5-81　调整顺序

图 5-82　绘制对象并设置颜色

图 5-83　绘制对象并填充颜色

图 5-84　最终效果

本 章 小 结

　　本章主要介绍了颜色的运用及设置调色板的方法，理解这些知识对在实际应用时选择颜色是非常重要的。本章还介绍了一般封闭图形对象的填充，其中包括均匀填充、渐变填充、图样填充、底纹填充、PostScript 填充、特殊填充以及默认填充。通过本章的学习，用户可以熟练地为对象填充所需的颜色。

习　　题

1. 渐变填充有几种类型？分别是什么？
2. 简述【网状填充工具】的作用。
3. 如何使用交互式【网格填充工具】对图形对象进行填充？

第 6 章

文本的编辑与处理

本章要点：

- 创建文本。
- 设置文本格式。
- 书写工具的使用。
- 查找与替换文本。
- 文本的特殊使用技巧。

学习目标：

- 掌握文本的基本编辑。
- 掌握文本的使用技巧。
- 通过实例掌握文本操作。

6.1 创 建 文 本

在 CorelDRAW X6 中，主要有美术字和段落文本两种文本形式，用户可以根据需要创建所需的文本。

6.1.1 创建美术字文本

在 CorelDRAW X6 中，一般把美术字作为一个单独的对象来进行编辑。在工具箱中单击【文本工具】按钮 字，在空白文档中单击鼠标左键创建插入点，如图 6-1 所示；然后输入文本即可，效果如图 6-2 所示。

图 6-1　创建插入点　　　　　　　　　图 6-2　输入文本

当用户创建好文本后，选择文本对象，可以在属性栏中设置文本字体、字号大小等相关参数，如图 6-3 所示。

图 6-3　文本属性栏

6.1.2 创建段落文本

用【文本工具】除了可以创建美术字文本外，还可以创建段落文本，以便编辑多段文本。在文本进行统稿时，需要编排很多文字，此时用户可以使用段落文本方便快捷地输入和编排。

1. 输入段落文本

在工具箱中单击【文本工具】按钮 字，在文档的空白位置处，单击鼠标左键并拖曳，松开鼠标后即生成文本框，如图 6-4 所示。此时的文本即为段落文本。在文本框输入文本，当第一行排满后将自动换行输入，如图 6-5 所示。

图 6-4　生成文本框

图 6-5　输入文本效果

2. 调整段落文本框

段落文本只能在文本框内显示，当文本对象超出文本框范围时，在文本框下方的控制点内将会出现一个黑色三角箭头▽，用鼠标向下拖曳▽箭头，可扩大文本框，将隐藏的文本显示出来，如图 6-6 和图 6-7 所示。

图 6-6　三角箭头

图 6-7　显示全部文本

　提示：如果要加宽文本框，向外拖动文本框左、右两边的中间控制柄；如果要减少文本框的宽度，向内拖动文本框左、右两边的中间控制柄；如果要加高文本框，向外拖动文本框上、下两边的中间控制柄；如果要调矮文本框的高度，向内拖动文本框上、下两边的中间控制柄；如果要等比例放大或缩小文本框，配合 Shift 键拖动文本框四角的控制柄。

6.1.3　美术字文本与段落文本的相互转换

在输入美术文本后，在对美术文本进行编辑时，可以将美术文本转换为段落文本。
在工具箱中单击【选择工具】按钮 字，在场景中选择美术文本，然后单击鼠标右键，在弹出的快捷菜单中选择【转换为段落文本】命令，如图 6-8 所示，即可将美术文本转换为段落文本，转换效果如图 6-9 所示。

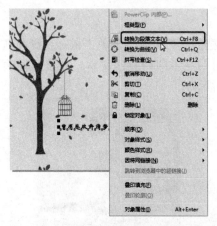

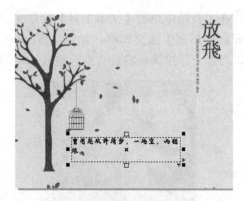

图 6-8　选择【转换为段落文本】命令　　　　　　　图 6-9　转换为段落文本

提示：将美术文本转换为段落文本，除了单击鼠标右键之外，还可以通过以下两种方法进行转换，第一种是在菜单栏中选择【文本】|【转换为段落文本】命令，第二种是按 Ctrl+F8 组合键。

6.2　设置文本格式

在 CorelDRAW X6 中创建好文本后，为了使其更加美观，需要对其进行相应的设置，下面将详细讲解。

6.2.1　设置字体、字号和颜色

创建好的文本，可以对其字体、字号和颜色进行重新设置，具体操作步骤如下。

(1) 打开"素材\Cha06\文本 1.cdr"素材文件，然后在工具箱中单击【文本工具】按钮，在场景中的合适位置按住鼠标左键并拖曳创建文本框，效果如图 6-10 所示。

(2) 在文本框中输入需要的文本并将其选中，如图 6-11 所示。

图 6-10　创建文本框　　　　　　　　　　图 6-11　输入文本并选中

（3）按 Ctrl+T 组合键，开启【文本属性】泊坞窗，在该泊坞窗中将字体设置为【方正少儿简体】，将字体大小设置为 25.0pt，将文本颜色设置为绿色，如图 6-12 所示。

（4）设置完成后的显示效果如图 6-13 所示。

图 6-12　设置文本参数　　　　　　　　　　图 6-13　完成效果

6.2.2　设置文本对齐方式

在 CorelDRAW X6 中，用户可以设置段落文本在水平和垂直方向上的对齐方式。

【实例 6-1】制作青春寄语手册

下面将通过实例讲解如何制作青春寄语手册，具体操作步骤如下。

（1）打开"素材\Cha06\对齐文本.cdr"素材文件，在工具箱中单击【文本工具】按钮，在绘图页中按住鼠标左键并拖动来创建文本框，如图 6-14 所示。

（2）在文本框中输入文本并选中，如图 6-15 所示。

（3）在菜单栏中选择【文本】|【文本属性】命令，如图 6-16 所示。

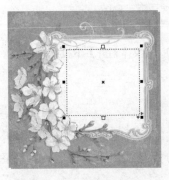

图 6-14　创建文本框　　　图 6-15　输入文本并选中　　　图 6-16　选择【文本属性】命令

（4）开启【文本属性】泊坞窗，在该泊坞窗的【字符】卷展栏中将字体设置为【汉仪秀英体简】，将字体大小设置为 30.0pt，然后单击文本颜色右侧的三角按钮▼，在弹出的下拉列表中选择合适的颜色，如图 6-17 所示。

（5）在【文本属性】泊坞窗中选择【段落】卷展栏，然后单击【居中】按钮，如图 6-18 所示。

图 6-17　设置文本参数

图 6-18　单击【居中】按钮

（6）设置完成后的显示效果如图 6-19 所示。

提示：在选择段落文本对象后，也可在属性栏中单击【文本对齐】按钮 ，在弹出的下拉菜单中选择文本对齐的方式，如图 6-20 所示。

图 6-19　完成效果

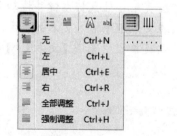

图 6-20　【文本对齐】下拉菜单

6.2.3　设置文本间距

为了使场景构图达到视觉上的美观效果，用户可以对文字配合图形进行相应的编辑。在 CorelDRAW X6 中，提供了两种调整文本间距的方法，分别是使用【形状工具】调整和精确调整，下面将对其进行详细讲解。

1. 使用【形状工具】调整文本间距

调整文本间距的操作方法如下。

(1)　打开"素材\Cha06\调整文本间距 1.cdr"素材文件，在工具箱中单击【文本工具】按钮并选中如图 6-21 所示的文本。

(2)　然后在工具箱中单击【形状工具】按钮，文本显示状态如图 6-22 所示。

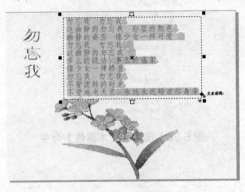

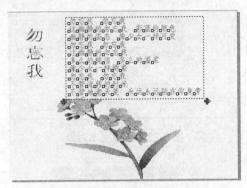

图 6-21　选中文本　　　　　　　　　　　　图 6-22　显示状态

(3)　在文本框右边的控制符号 上按住鼠标左键，拖动鼠标到适当的位置后释放，即可调整文本的字符间距，如图 6-23 所示。

(4)　按住鼠标左键并拖曳文本框下面的控制符号 到适当的位置，然后释放鼠标，即可调整文本的行距，如图 6-24 所示。

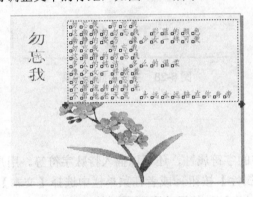

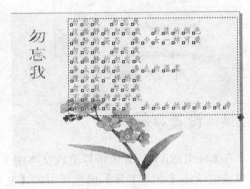

图 6-23　调整字符间距　　　　　　　　　　图 6-24　调整字符行距

2. 精确调整文本间距

使用【形状工具】只能大致调整文本的间距，当用户想要精确地确定文本间距，可通过【文本属性】泊坞窗来完成，具体操作操作步骤如下。

(1)　打开"素材\Cha06\调整文本间距 2.cdr"素材文件，在工具箱中单击【文本工具】按钮并选中如图 6-25 所示的文本。

(2)　在菜单栏中选择【文本】|【文本属性】命令，如图 6-26 所示。

(3)　开启【文本属性】泊坞窗，在【段落】卷展栏中将行距设置为 120%，将字符间距设置为 80%，如图 6-27 所示。

(4)　设置完成后的显示效果如图 6-28 所示。

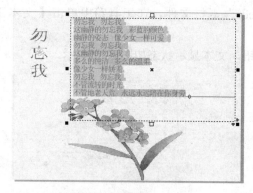

图 6-25　选择文本对象

图 6-26　选择【文本属性】命令

图 6-27　设置文本参数

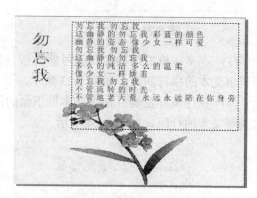

图 6-28　完成后显示效果

6.2.4　设置字符

在 CorelDRAW X6 中可以更改文本中文字的字符属性，还可以插入特殊字符等。用户可以通过单击【文本工具】属性栏中的【文本属性】按钮 🅰 或者在菜单栏中选择【文本】|【文本属性】命令，开启【文本属性】泊坞窗，在该泊坞窗中设置需要的字符。

在菜单栏中选择【文本】|【插入符号字符】命令，开启【插入字符】泊坞窗，在该泊坞窗中用户可以添加作为文本对象的特殊符号或作为图形对象的字符，下面分别介绍它们的操作方法。

图 6-29　选择位置

1. 添加作为文本对象的特殊字符

插入特殊字符和具体操作步骤如下。

(1) 打开"素材\Cha06\插入特殊字符.cdr"素材文件，在工具箱中单击【文本工具】按钮，在文本中需要添加特殊字符的位置单击鼠标左键，如图 6-29 所示。

(2) 在菜单栏中选择【文本】|【插入符号字符】命令，如图 6-30 所示。

(3) 开启【插入字符】泊坞窗，在该泊坞窗中选择需要的字符，然后单击【插入】按钮，如图 6-31 所示。

图 6-30　选择【插入符号字符】命令　　　　　图 6-31　选择字符

(4)　插入字符后的显示效果如图 6-32 所示。

(5)　使用相同的方法插入其他字符，最终显示效果如图 6-33 所示。

图 6-32　插入字符效果　　　　　　　　图 6-33　完成后的显示效果

2．添加作为图形对象的特殊字符

在菜单栏中选择【文本】|【插入符号字符】命令，开启【插入字符】泊坞窗，从中选择所需的符号并设置字符大小，然后单击【插入】按钮或者双击选取的符号，即可插入作为图形对象的特殊字符。

提示： 与添加作为文本对象的特殊字符所不同的是，添加作为图形对象的特殊字符时可以对字符的大小进行设置，而作为文本对象的字符大小由文本的字体大小决定。

6.2.5　设置段落文本的其他格式

在 CorelDRAW X6 中，用户可以对大段的文本进行设置，使其版面更加美观。

1. 设置首行缩进

首行缩进主要用来设置段落文本的首行相对于文本框左侧的缩进距离。首行缩进的范围为 0～25400mm。除此之外，用户还可以添加和移除缩进格式。

下面将通过实例讲解如何设置首行缩进，其具体操作步骤如下。

(1) 打开"素材\Cha06\首行缩进.cdr"素材文件。在工具箱中单击【文本工具】按钮，然后选择所有的文本对象，如图 6-34 所示。

(2) 按 Ctrl+T 组合键，开启【文本属性】泊坞窗，在该泊坞窗中选择【段落】卷展栏，将首行缩进设置为 10mm，如图 6-35 所示。

(3) 设置完成后即可为选中的文字设置首行缩进，效果如图 6-36 所示。

图 6-34　选择文本对象　　　　图 6-35　设置首行缩进参数　　　　图 6-36　完成效果

2. 设置首字下沉

首字下沉就是将段落文本中的第一个字或字母进行放大，并将其插入文本的正文。用户可以通过【首字下沉】对话框更改不同的设置来自定义首字下沉格式。例如，可以更改首字下沉与文本正文的距离，或指定出现在首字下沉旁边的文本行数。可以随时移除首字下沉格式，而不删除字母。

【实例 6-2】制作首字下沉效果

下面将通过实例讲解如何设置首字下沉，其具体操作步骤如下。

(1) 打开"素材\Cha06\首字下沉.cdr"素材文件，然后在第一段文本的末端单击鼠标左键，如图 6-37 所示。

(2) 在菜单栏中选择【文本】|【首字下沉】命令，如图 6-38 所示。

(3) 弹出【首字下沉】对话框，在该对话框中选中【使用首字下沉】复选框，将【下沉行数】设置为 2，如图 6-39 所示。

(4) 设置完成后，单击【确定】按钮，即可设置首字下沉，效果如图 6-40 所示。

图 6-37　将光标置入到第一个段落的结尾处

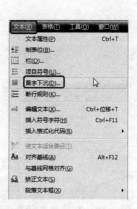

图 6-38　选择【首字下沉】命令

图 6-39　设置【首字下沉】参数

图 6-40　首字下沉效果

3. 为段落文本添加项目符号

在 CorelDRAW X6 中，用户可以在段落文本中添加项目符号，使一些没有顺序的段落文本内容编排成统一的风格，使版面井然有序地排列。

在 CorelDRAW X6 中使用项目符号列表来编排信息格式，可以将文本环绕在项目符号周围，也可以使项目符号偏离文本，形成悬挂式缩进。用户可以通过更改项目符号的大小、位置以及与文本的距离来自定义项目符号，还可以更改项目符号列表中的项目间的间距。

【实例 6-3】为同级段落添加项目符号

下面将通过实例讲解如何为段落文本添加项目符号，其具体操作步骤如下。

(1) 打开"素材\Cha06\添加项目符号.cdr"素材文件，在文本对象中选择第二段文字对象，如图 6-41 所示。

(2) 在菜单栏中选择【文本】|【项目符号】命令，如图 6-42 所示。

(3) 弹出【项目符号】对话框，在该对话框中选中【使用项目符号】复选框，在【外观】选项组中将【字体】设置为 Wingdings，在【符号】下拉列表框中选择一种项目符号，将【大小】设置为 44.925pt，取消选中【项目符号的列表使用悬挂式缩进】复选框，如图 6-43 所示。

(4) 设置完成后，单击【确定】按钮，即可为选中的文字添加项目符号，添加项目符号效果如图 6-44 所示。

图 6-41　选择第二段文字

图 6-42　选择【项目符号】命令

图 6-43　设置项目符号参数

图 6-44　添加项目符号后的效果

6.2.6　链接段落文本

如果在当前工作页面中输入了大量的文本，可以将其分为不同的部分进行显示，还可以为其添加文本链接效果。链接文本框会将一个文本框中的溢出文本排列到另一个文本框中。如果调整链接文本框的大小，或改变文本的大小，则会自动调整下一个文本框中的文本量。可以在输入文本之前或之后链接文本框。

1. 创建框架之间的链接

在 CorelDRAW X6 中，用户可以将一个框架中隐藏的段落文本放到另一个框架中。

【实例 6-4】制作贺卡

下面将通过实例讲解如何制作贺卡，其具体操作步骤如下。

(1) 打开"素材\Cha06\创建框架之间的链接.cdr"素材文件，打开效果如图 6-45 所示。

(2) 使用【选择工具】，选中文本框，然后使用鼠标单击文本框下方的黑色三角箭头 ▼，鼠标指针变为 圁，如图 6-46 所示。

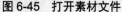

图 6-45　打开素材文件　　　　　　　　　　图 6-46　单击箭头

（3）拖动鼠标指针至合适的位置，按住鼠标左键拖曳出一个新的文本框，并且在新文本框中将显示在前一个文本框中被隐藏的文字，如图 6-47 所示。

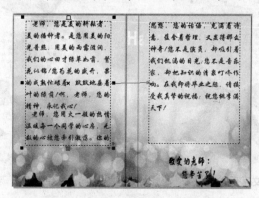

图 6-47　将文字移至其他文本框中

2. 创建文本框架和图形的链接

文本对象的链接不只限于段落文本框之间，段落文本框和图形对象之间也可以进行链接。当段落文本框的文本与未闭合路径的图形对象链接时，文本对象将会沿路径进行链接；当段落文本框中的文本内容与闭合路径的图形对象链接时，则会将图形对象作为文本框使用。

创建文本框架和图形的链接的具体操作步骤如下。

（1）打开"素材\Cha06\创建文本框架和图形的链接.cdr"素材文件，效果如图 6-48 所示。

（2）在工具箱中单击【文本工具】按钮，创建文本框。然后输入文本并对文本进行相应的设置，如图 6-49 所示。

（3）在文本对象中选中第二段落的"多读书"三个字，将其字体大小设置为 35。然后在工具箱中单击【椭圆形工具】，在场景中的合适位置创建椭圆对象，并将填充颜色 RGB 参数设置为 232、210、229，如图 6-50 所示。

（4）在工具箱中单击【选择工具】按钮，选择文本框然后单击文本框下方的三角按钮，将鼠标指针拖曳至创建的椭圆位置，如图 6-51 所示。

图 6-48　打开素材文件

图 6-49　文本显示效果

图 6-50　设置文字后的效果

图 6-51　绘制正圆形

（5）　当鼠标指针变为箭头时，单击鼠标左键，即可在文本与图形之间创建链接，创建链接后的效果如图 6-52 所示。

图 6-52　创建链接后的效果

3. 解除对象之间的链接

在 CorelDRAW X6 中，不仅可以将文本对象进行链接，同样也可以为其解除对象之间的链接。

解除对象之间的链接的具体操作步骤如下。

(1) 继续上个实例的操作，在场景中选择文本框对象，如图 6-53 所示。

(2) 在菜单栏中选择【排列】|【拆分段落文本】命令，如图 6-54 所示。

图 6-53 选择文本框

图 6-54 选择【拆分段落文本】命令

(3) 执行该操作后，即可解除链接，解除链接后的效果如图 6-55 所示。

图 6-55 解除链接后的显示效果

6.3 书写工具的使用

用户可以通过使用【拼写检查器】或【快速更正】功能，可以检查和更正整个文档或选定的文本中的拼写和语法错误。

6.3.1 检查文本的拼写、语法与同义词

在菜单栏中选择【文本】|【书写工具】|【拼写检查】命令，弹出【书写工具】对话框，在【检查】下拉列表框中选择【选定的文本】选项，然后单击【开始】按钮，即可对选定文本中的拼写错误或语法进行检查，如图 6-56 所示。

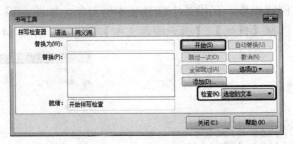

图 6-56　【书写工具】对话框

6.3.2　快速更正

【快速更正】命令可以自动更正拼写错误的单词和大写错误。使用【快速更正】命令的具体操作步骤如下。

(1) 在菜单栏中选择【文本】|【书写工具】|【快速更正】命令，如图 6-57 所示。

(2) 弹出【选项】对话框，在左侧列表框中选择【快速更正】选项，然后在右侧选中【句首字母大写】复选框，设置完成后单击【确定】按钮，如图 6-58 所示。

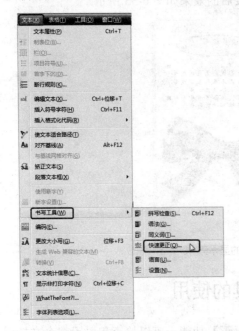

图 6-57　选择【快速更正】命令

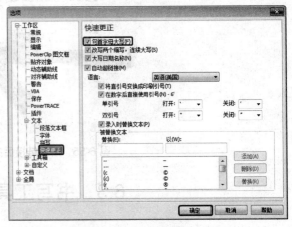

图 6-58　设置【快速更正】参数

(3) 将光标放置在文本字母后面，按 Enter 键即可将首字母大写，如图 6-59 所示。

i'm fine→I'm fine

图 6-59　文本对象的更正效果

6.4　查找与替换文本

CorelDRAW 提供了查找与替换功能，以便于用户来查找文本或将查找到的文本替换为所需的文本。

查找与替换文本的具体操作步骤如下。

(1)　打开"素材\Cha06\查找与替换文本.cdr"素材文件，如图 6-60 所示。

(2)　在菜单栏中选择【编辑】|【查找并替换】|【替换文本】命令，如图 6-61 所示。

图 6-60　打开素材文件

图 6-61　选择【替换文本】命令

(3)　弹出【替换文本】对话框，在【查找】下拉列表框中输入"丛丛"，然后单击【查找下一个】按钮，即可查找到输入的文字，如图 6-62 所示。

(4)　继续单击【查找下一个】按钮，即可查找到一个相同的文本，如图 6-63 所示。

图 6-62　单击【查找下一个】按钮

图 6-63　查找文本

提示：如果用户只查找文本，那么在菜单栏中选择【编辑】|【查找并替换】|【查找文本】命令，弹出【查找下一个】对话框。用户可在其【查找】下拉列表框中输入所要查找的文字，然后单击【查找下一个】按钮，即可查找到所需的文字。

(5) 在【替换文本】对话框的【替换为】下拉列表框中输入要替换的文本"匆匆"，如图 6-64 所示。

(6) 单击【全部替换】按钮，弹出如图 6-65 所示的对话框，单击【确定】按钮，表示已经全部替换完成。

图 6-64　输入替换文本对象

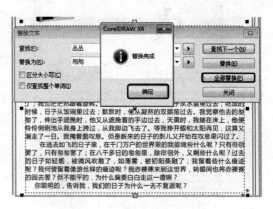

图 6-65　单击【确定】按钮

(7) 完成后的效果如图 6-66 所示。

图 6-66　完成效果

6.5 文本的特殊使用技巧

在实际创作中，仅仅依靠系统提供的字体进行设计创作会非常受局限；即使安装大量的字体，也不一定能找到需要的字体效果。在这种情况下，设计师往往会在设置文字的字体基础上，对文字进行进一步的创意性编辑。

对于文本的编辑，还有特殊的使用技巧，下面将进行详细的介绍。

6.5.1 将文本转换为曲线

在 CorelDRAW X6 中可以将美术文本和段落文本转换为曲线，虽然转换为曲线后的文字将无法再进行文本的编辑，但是转换为曲线后的文字具有图形的特性。

转换为曲线后的文字，属于曲线图形对象，所以一般的设计工作中，在绘图方案定稿以后，通常都需要对图形文档中的所有文字进行转曲处理，以保证在后续流程中打开文件时，不会出现因为缺少字体而不能显示出原本设计效果的问题。

将文本对象转换为曲线，首先选择文本对象，然后单击鼠标右键，在弹出的快捷菜单中选择【转换为曲线】命令，即可将选中文本对象转换为曲线，如图 6-67 所示。转换为曲线后的文字可以用【形状工具】对其进行编辑，如图 6-68 所示。

图 6-67　选择【转换为曲线】命令　　　　图 6-68　编辑效果

提示：除了上面讲解的方法外，用户可以在菜单栏中选择【排列】|【转换为曲线】命令，或者按 Ctrl+Q 组合键。

提示：转换为曲线后的文字不能通过任何命令将其恢复成文本格式，所以在使用此命令前，一定要设置好所有文字的文本属性，或者最好在转换为曲线前对编辑好的文件进行复制备份。

6.5.2 使文本适合路径

使用 CorelDRAW 中的文本适合路径功能，可以将文本对象嵌入到不同类型的路径中，使文字具有更多变化的外观。此外，还可以设定文字排列的方式、文字的走向及位置等。

1. 直接将文字填入路径

直接将文字填入到路径中的具体操作步骤如下。

(1) 在工具箱中单击【多边形工具】按钮，在空白页面中创建一个多边形对象，如图 6-69 所示。

(2) 在工具箱中单击【文本工具】按钮，将鼠标指针移动到多边形的位置处，当光标变为 ┴ 时单击鼠标左键，如图 6-70 所示。

(3) 设置文本参数并输入文本对象，输入文本后文字将随着多边形的轮廓而变化，如图 6-71 所示。

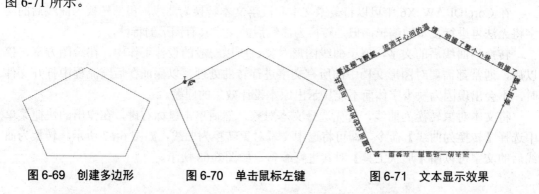

图 6-69　创建多边形　　　　图 6-70　单击鼠标左键　　　　图 6-71　文本显示效果

2. 用鼠标将文字填入路径

将文字填入到路径是通过拖曳鼠标右键的方式。

用鼠标将文字填入到路径的具体操作步骤如下。

(1) 在工具箱中单击【标题形状工具】按钮，然后在页面的空白位置处创建如图 6-72 所示的形状。

(2) 在工具箱中单击【文本工具】按钮，在场景中的合适位置输入文本对象，输入效果如图 6-73 所示。

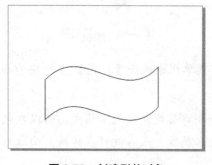　　　　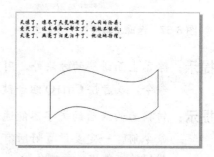

图 6-72　创建形状对象　　　　　　　图 6-73　输入文本对象

(3) 在工具箱中单击【选择工具】按钮，将鼠标指针移动到文字上，然后按住鼠标右键将其拖曳到曲线上，光标将变成如图 6-74 所示的形状。

(4) 松开鼠标右键，在弹出的快捷菜单中选择【使文本适合路径】命令，如图 6-75 所示。

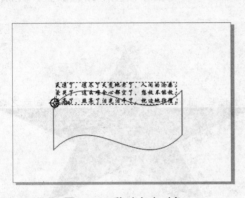

图 6-74　移动文本对象

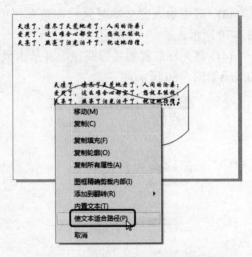

图 6-75　选择【使文本适合路径】命令

(5)　设置完成后的显示效果如图 6-76 所示。

图 6-76　显示效果

3. 使用传统方式将文字填入路径

使用传统方式将文字填入路径的具体操作步骤如下。

(1)　在工具箱中单击【星形工具】按钮，在页面的空白处创建一个星形对象，并将其填充为红色，如图 6-77 所示。

(2)　在工具箱中单击【文本工具】按钮，在页面的空白位置处输入文本对象，输入效果如图 6-78 所示。

图 6-77　创建五角星

图 6-78　输入文本

（3）选中输入的文本对象，在菜单栏中选择【文本】|【使文本适合路径】命令，如图 6-79 所示。

（4）将光标放置到星形路径上并单击鼠标左键，即可将文字沿星形路径放置，完成后的效果如图 6-80 所示。

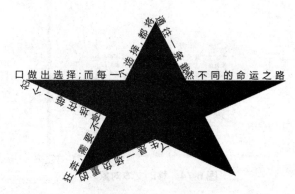

图 6-79　选择【使文本适合路径】命令　　　　　图 6-80　完成效果

6.5.3　文本绕图

文本绕图是指在图形外部沿着图形的外框形状进行文本的排列。

【实例 6-5】文本绕图

下面将通过实例讲解如何将文本绕图，具体操作步骤如下。

（1）打开"素材\Cha06\文本绕图素材.cdr"素材文件，然后按 Ctrl+I 组合键，在页面中插入"素材\Cha06\文本绕图图片.jpg"素材文件，插入图片效果如图 6-81 所示。

（2）选中插入的图片并右击，在弹出的快捷菜单中选择【段落文本换行】命令，如图 6-82 所示。

图 6-81　插入图片　　　　　　　　　图 6-82　选择【段落文本换行】命令

（3）段落文本换行后的显示效果如图 6-83 所示。

（4）继续选中图片对象，在属性栏中单击【段落文本换行】按钮，在弹出的下拉菜单中显示文本换行的样式，如图 6-84 所示。

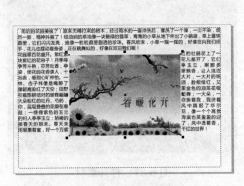

图 6-83　显示效果　　　　　　　　　　图 6-84　换行样式

(5)　在弹出的换行样式中可以对换行属性进行设置，如图 6-85 所示为分别选择【文本从左向右排列】、【文本从右向左排列】和【上/下】选项后的排列效果。

图 6-85　换行样式显示效果

提示：文本绕图功能不能应用于美术文本中。若要执行此项功能，必须先将美术文本转换为段落文本。

6.6　小型案例实训

下面将通过绘制六一宣传海报和制作书签来练习本章主要讲解的知识。

6.6.1　制作六一宣传海报

本案例将讲解如何制作六一宣传海报，主要应用了文本工具、调整节点、轮廓笔等知识点。六一宣传海报显示效果如图 6-86 所示。

(1)　启动 CorelDRAW X6 软件，打开"素材\Cha06\六一宣传海报素材 1.cdr"素材文件，如图 6-87 所示。

(2)　在工具箱中单击【文本工具】按钮，在属性栏中将【字体】设置为【楷体】，将【字体大小】设置为 100pt，分别输入"快乐六一"四个字，并将其颜色设置为白色，文本显示效果如图 6-88 所示。

(3)　按住 Shift 键同时选中 4 个字，然后单击鼠标右键，在弹出的快捷菜单中选择

【转换为曲线】命令，如图 6-89 所示。

图 6-86　六一宣传海报

图 6-87　打开素材

图 6-88　显示文本效果

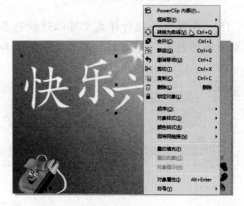

图 6-89　选择【转换为曲线】命令

（4）在工具箱中单击【形状工具】按钮，选择"快"字并调整字体的节点，调整完成后的效果如图 6-90 所示。

（5）继续应用【形状工具】，使用同样的方法调整其他字的节点，调整效果如图 6-91 所示。

图 6-90　调整节点

图 6-91　调整其他字体节点

（6）调整完节点后，按住 Shift 键同时选中"快乐"文本对象，单击鼠标右键，在弹出的快捷菜单中选择【群组】命令，如图 6-92 所示。

(7) 使用同样的方法将"六一"文本群组。在菜单栏中选择【窗口】|【泊坞窗】|【对象管理器】命令,在弹出的【对象管理器】泊坞窗中将所在组图层进行重命名,重命名效果如图 6-93 所示。

(8) 按 Ctrl+I 组合键,导入"素材\Cha06\六一宣传海报素材 2.cdr"素材文件,在弹出的【对象管理器】泊坞窗中将【六一宣传海报素材 2】图层移动到原文本对象的下面,调整后的显示效果如图 6-94 所示。

(9) 选择文本对象并将其复制,按 F12 键弹出【轮廓笔】对话框,将颜色参数设置为 0、143、215,将【宽度】设置为 15.0mm,如图 6-95 所示。

图 6-92 选择【群组】命令

图 6-93 重命名

图 6-94 导入素材

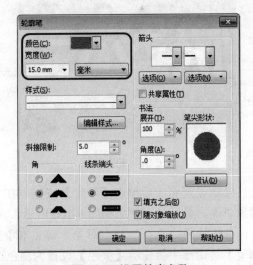

图 6-95 设置轮廓参数

(10) 设置完成后单击【确定】按钮,在【对象管理器】泊坞窗中调整其位置在原文本对象下面,显示轮廓效果如图 6-96 所示。

(11) 继续复制原文本,按 F12 键弹出【轮廓笔】对话框,将颜色参数设置为 47、49、139,将【宽度】设置为 10.0mm,如图 6-97 所示。

图 6-96　轮廓效果

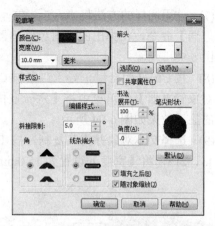

图 6-97　设置轮廓参数

(12) 设置完成后单击【确定】按钮，在【对象管理器】泊坞窗中调整其位置在原文本对象下面，显示轮廓效果如图 6-98 所示。

(13) 继续复制原文本，按 F12 键弹出【轮廓笔】对话框，将颜色参数设置为 0、162、233，将【宽度】设置为 3.0mm，如图 6-99 所示。

图 6-98　轮廓效果

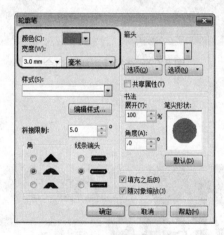

图 6-99　设置轮廓参数

(14) 设置完成后单击【确定】按钮，在【对象管理器】泊坞窗中调整其位置在原文本对象下面，显示轮廓效果如图 6-100 所示。

(15) 选择"六一"文本对象，将文本填充设置为红色，使用前面讲解的方法，在【轮廓笔】对话框中将轮廓【颜色】设置为白色，将【宽度】设置为 6.0mm，设置完成后的显示效果如图 6-101 所示。

(16) 使用【文本工具】，在属性栏中将【字体】设置为【汉仪萝卜体简】，将【字体大小】设置为 36pt，然后输入文本对象，输入文本效果如图 6-102 所示。

(17) 使用【文本工具】，创建文本框并输入文本。选中文本对象，在属性栏中将【字体】设置为【方正大黑简体】，将【字体大小】设置为 10pt，将【文本对齐】设置为【居中】，文本显示效果如图 6-103 所示。

图 6-100　轮廓效果

图 6-101　显示效果

图 6-102　换行样式显示效果

图 6-103　文本显示效果

(18) 选择文本框对象，单击鼠标右键，在弹出的快捷菜单中选择【转换为曲线】命令，如图 6-104 所示。

(19) 按 Ctrl+I 组合键，导入"素材\Cha06\六一宣传海报素材 3.cdr"和"六一宣传海报素材 4.cdr"素材文件，调整其大小及位置，最终完成效果如图 6-105 所示。

图 6-104　选择【转换为曲线】命令

图 6-105　创建文本框

6.6.2　制作书签

本案例将讲解如何制作书签，主要应用了文本工具、艺术笔工具、阴影工具等知识点。书签显示效果如图 6-106 所示。具体操作步骤如下。

(1)　启动 CorelDRAW X6 软件，打开"素材\Cha06\书签素材 1.cdr"素材文件，如图 6-107 所示。

图 6-106　书签

图 6-107　打开素材

(2)　在工具箱中单击【椭圆形工具】按钮，按住 Shift 键，在合适的位置绘制圆对象，并将绘制的圆进行填充，将填充颜色 RGB 参数设置为 84、47、15，填充效果如图 6-108 所示。

(3)　使用【椭圆形工具】绘制圆对象并对其进行填充，填充颜色 RGB 参数设置为 198、195、184，填充效果如图 6-109 所示。

图 6-108　填充对象

图 6-109　填充效果

(4)　在工具箱中单击【艺术笔工具】按钮，在属性栏中将【笔触宽度】设置为 0.762mm，选择合适的预设笔触，绘制如图 6-110 所示的图形。

(5)　选择新绘制的图形，单击鼠标右键，在弹出的快捷菜单中选择【顺序】|【置于此对象后】命令，如图 6-111 所示。

图 6-110 绘制图形

图 6-111 选择【置于此对象后】命令

(6) 当鼠标指针变为黑色箭头时，单击【书签素材 1】图片，即可调整位置顺序，调整效果如图 6-112 所示。

(7) 使用同样的方法绘制如图 6-113 所示的图形对象。

图 6-112 调整效果

图 6-113 绘制形状

(8) 按 Ctrl+I 组合键，导入"素材\Cha06\书签素材 2.cdr"素材文件如图 6-114 所示。

(9) 在工具箱中单击【阴影工具】按钮，在属性栏中将【预设】设置为【小型辉光】，将【阴影的不透明度】设置为 66,，将【阴影羽化】设置为 7，将【阴影颜色】设置为黑色，设置完成后的阴影效果如图 6-115 所示。

图 6-114 导入素材

图 6-115 阴影效果

(10) 在工具箱中单击【钢笔工具】按钮，绘制两个如图 6-116 所示图形并将其填充，填充颜色 RGB 参数设置为 130、172、172。

(11) 使用【钢笔工具】，绘制两个如图 6-117 所示的图形并将其填充，颜色填充 RGB 参数设置为 87、121、121。

图 6-116　绘制效果

图 6-117　绘制效果

(12) 使用【钢笔工具】绘制如图 6-118 所示的图形并将其填充，颜色填充参数设置为 161、209、211。

(13) 使用【钢笔工具】绘制如图 6-119 所示的图形对象。

(14) 在工具箱中单击【文本工具】按钮字，将鼠标指针移动到绘制的图形的圆弧位置处，当指针变为时单击鼠标左键并输入文字。选中输入的文本对象，在属性栏中将【字体】设置为 Arial Unicode MS，将【字体大小】设置为 12.7pt，文本显示效果如图 6-120 所示。

图 6-118　换行样式显示效果

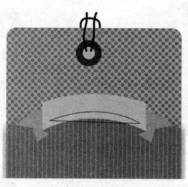

图 6-119　绘制图形效果

图 6-120　文本效果

(15) 选中文本对象，在工具箱中单击【轮廓笔】按钮，在弹出的下拉菜单中选择【无轮廓】命令，去除轮廓后的显示效果如图 6-121 所示。

(16) 使用【钢笔工具】，绘制如图 6-122 所示的弧线。

(17) 使用【文本工具】，沿着绘制的路径输入文本。选中文本对象，在属性栏中将【字体】设置为【华文行楷】，将【字体大小】设置为 24pt，文本显示效果如图 6-123 所示。

(18) 使用【文本工具】，在属性栏中将【旋转角度】设置为 270°，将【字体】设置为【微软雅黑】，将【字体大小】设置为 28pt；然后将字体颜色设置为白色，在场景中的合适位置输入文本，文本显示效果如图 6-124 所示。

(19) 使用【文本工具】，拖曳出一个文本框对象，如图 6-125 所示。

(20) 创建好文本框后，在属性栏中将【字体】设置为【微软雅黑】，将【字体大小】设置为 12pt，然后在创建的文本框中输入文本，效果如图 6-126 所示。

图 6-121　显示效果

图 6-122　换行样式显示效果

图 6-123　文本显示

图 6-124　文本效果

图 6-125　创建文本框

图 6-126　文本效果

(21) 选择创建的文本框，单击鼠标右键，在弹出的快捷菜单中选择【转换为曲线】命令，如图 6-127 所示。

(22) 最终完成书签的显示效果，如图 6-128 所示。

图 6-127　选择【转换为曲线】命令

图 6-128　完成效果

本 章 小 结

本章节主要讲解在 CorelDRAW X6 中文本的创建、不同文本之间的转换、设置文本格式、书写工具的使用、查找与替换文本以及文本的特殊使用技巧等内容。

习 题

1. 文本对齐方式有哪几种？
2. 如何创建文本框架和图形之间的链接？
3. 文本的特殊使用技巧有哪几种？

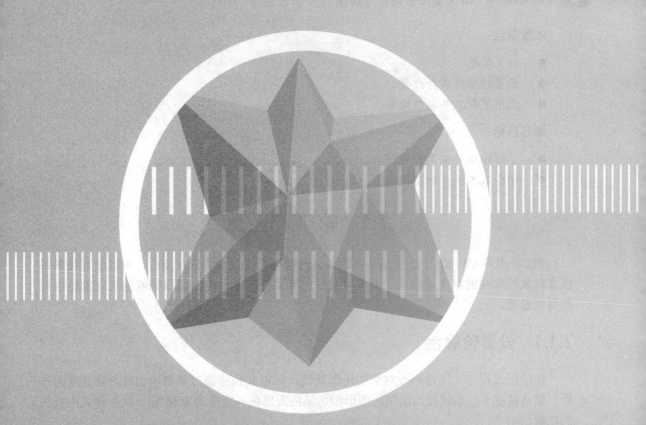

第 7 章

对象轮廓的修饰与美化

本章要点:

- 设置轮廓。
- 设置轮廓样式与线宽。
- 应用笔刷工具调整轮廓。

学习目标:

- 了解轮廓的常见管理。
- 学会基本操作和实例操作。

7.1 轮 廓 设 置

在 CorelDRAW X6 中,使用基本绘图工具绘制好线条与图形对象后,可以设置线条或图像对象轮廓线的宽度、样式、箭头以及颜色等属性。本节将介绍线条或图形对象轮廓线的属性设置。

7.1.1 设置轮廓色

在绘图过程中,通过修改对象的轮廓属性,可以起到修饰对象和增加对象醒目度的作用。默认情况下,系统会为绘制的图形添加颜色为黑色、宽度为 0.567pt、线条样式为直线的轮廓。

1. 使用调色板

使用【选择工具】 ,可以选择需要设置轮廓色的对象。使用鼠标右键单击调色板中的色块,可以为对象设置新的轮廓色,如图 7-1 所示。

提示:使用鼠标左键将调色板中的色块拖曳至对象的轮廓上,也可修改对象的轮廓色,如图 7-2 所示。

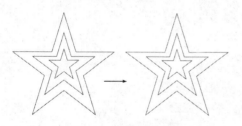

图 7-1　添加轮廓线

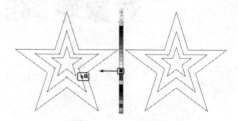

图 7-2　修改轮廓线

2. 使用【轮廓笔】对话框

如果要自定义轮廓颜色,还可以通过【轮廓笔】对话框来完成,用户可以按以下步骤进行操作。

(1) 绘制一个五角星,选择五角星对象,在工具箱中单击【轮廓】按钮 ,在展开的下拉菜单中选择【轮廓笔】命令,弹出【轮廓笔】对话框,如图 7-3 所示。

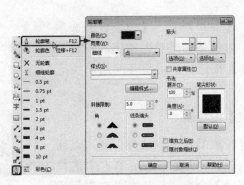

图 7-3　【轮廓笔】对话框

提示：按 F12 键，可直接打开【轮廓笔】对话框。

(2) 在【宽度】下拉列表中选择适合的轮廓宽度。单击【颜色】下拉按钮，在展开的颜色选取器中选择适合的轮廓颜色；也可以单击【其他】按钮，在弹出的【选择颜色】对话框中自定义轮廓颜色，单击【确定】按钮，即可返回【轮廓笔】对话框，如图 7-4 所示。

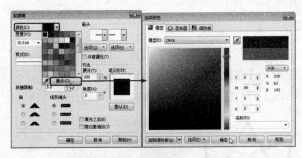

图 7-4　设置轮廓宽度和轮廓颜色

(3) 再次单击【确定】按钮，即可为五角星进行轮廓填充，效果如图 7-5 所示。

3. 使用【轮廓颜色】对话框

选择要设置颜色的线条或图形，按 Shift+F12 组合键，弹出【轮廓颜色】对话框，如图 7-6 所示。

图 7-5　设置后的图形效果

图 7-6　【轮廓颜色】对话框

通过选择【模型】、【混和器】、【调色板】选项卡，可在相应的选项卡中对线条的颜色做精确的设置。设置完成后，单击【确定】按钮，即可将其应用于所选的线条或图形的轮廓上。

4. 使用【颜色泊坞窗】泊坞窗

除了前面介绍的设置轮廓颜色的方法外，还可以通过【颜色泊坞窗】泊坞窗进行设置。在菜单栏中选择【窗口】|【泊坞窗】|【彩色】命令，打开如图 7-7 所示的【颜色泊坞窗】泊坞窗，在泊坞窗中拖动滑块设置颜色的参数，或者直接在数值框中输入所需的颜色值，然后单击【轮廓】按钮，即可将设置好的颜色应用到对象的轮廓。

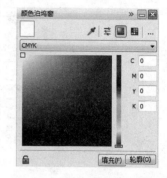

图 7-7 【颜色泊坞窗】泊坞窗

7.1.2 设置轮廓样式与线宽

下面将讲解如何设置轮廓样式与线宽。

1. 设置轮廓样式

选择【复杂星形工具】，绘制如图 7-8 所示的对象。CorelDRAW X6 中有多种轮廓线样式可供选择，在【轮廓笔】对话框中单击【样式】下拉列表，在弹出的下拉列表中选择所需的样式，单击【确定】按钮，如图 7-9 所示。

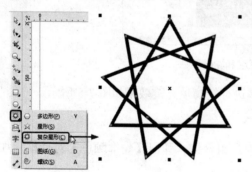

图 7-8 绘制图形

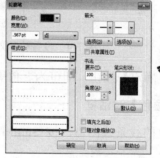

图 7-9 设置轮廓线样式

2. 设置轮廓线宽

若要改变轮廓线的宽度，可在选择需要设置轮廓宽度的对象后，通过以下 3 种方法来完成。

● 单击【轮廓】按钮 🖉，从展开的下拉列表中选择需要的轮廓线宽度，如图 7-10 所示。

● 一般情况下，绘制好图形后，在属性栏中也可以对线宽进行设置，如图 7-11 所示，在该下拉列表中可以选择预设的轮廓线宽度，也可以直接在该数值框中输入所需的轮廓宽度值。

- 按 F12 键，弹出【轮廓笔】对话框，在该对话框中的【宽度】下拉列表中可以设置自定义轮廓的宽度；在【宽度】数值框右边的下拉列表中，可以选择数值的单位，如图 7-12 所示。

提示：单击样式下面的【编辑样式】按钮，弹出【编辑线条样式】对话框，如图 7-13 所示。然后将拖动对象，移动其位置，即可编辑一条个性化的虚线格式，单击【添加】按钮或【替换】按钮，即可添加样式下拉列表的最后。

图 7-10　【轮廓笔】对话框

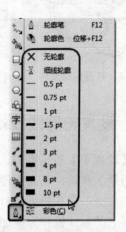

图 7-11　在属性栏中设置轮廓宽度

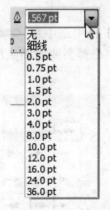

图 7-12　预设的轮廓宽度

图 7-13　编辑线条样式

【实例 7-1】将玫瑰的轮廓样式设置为自定义的虚线

下面通过实例来讲解如何将玫瑰的轮廓样式设置为自定义的虚线。

(1) 打开"素材\Cha05\玫瑰花.cdr"素材文件，如图 7-14 所示。

(2) 选择玫瑰花，按 F12 键，弹出【轮廓笔】对话框，单击 ⊡ 按钮，在弹出的下拉列表中选择虚线样式，如图 7-15 所示。

(3) 单击【确定】按钮，设置完成后的效果如图 7-16 所示。

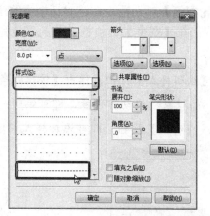

图 7-14　打开素材文件　　　　图 7-15　设置轮廓线的样式　　　　图 7-16　设置完成后的效果

7.1.3　设置轮廓线线端和箭头样式

在【轮廓笔】对话框中，除了可以设置轮廓线的宽度和样式外，还可以设置轮廓的线端样式与箭头样式，从而方便地绘制出箭头的形状。

线端样式与箭头样式只针对线条对象，对于闭合图形对象看不出任何效果。设置线端与箭头样式的具体操作方法如下。

（1）单击【手绘工具】按钮，在绘图页中拖动鼠标绘制曲线，并设置曲线的宽度，如图 7-17 所示。

（2）按 F12 键，弹出【轮廓笔】对话框，在【线条端头】栏中选中◉ ▭单选按钮，然后单击【箭头】栏的 ▭ 按钮，可从弹出的下拉列表中选择需要的箭头样式，如图 7-18 所示。

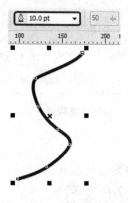

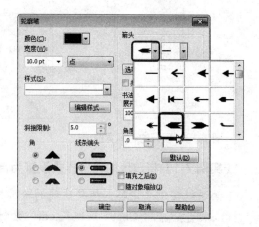

图 7-17　设置曲线的宽度　　　　　　图 7-18　箭头样式下拉列表

（3）单击【确定】按钮，即可在曲线的前端添加箭头，如图 7-19 所示。

若要在曲线的末端添加箭头，可以参照图 7-20 进行设置，设置完成后的效果如图 7-21 所示。

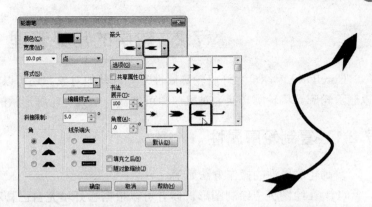

图 7-19　在曲线的前端添加箭头　　图 7-20　在曲线的末端添加箭头　　图 7-21　设置完成后的效果

【实例 7-2】定义并应用箭头样式

下面将讲解如何定义并应用箭头样式。

(1) 使用【B 样条工具】绘制对象，将【线宽】设置为 10.0pt，如图 7-22 所示。

(2) 按 F12 键，弹出【轮廓线】对话框，确认【线条端头】为 ◉ ▬▬▬，然后设置箭头的类型，如图 7-23 所示。

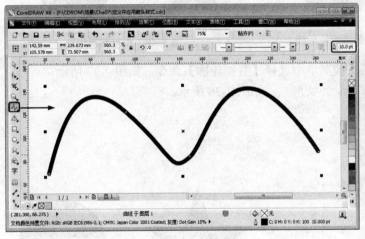

图 7-22　绘制线条　　　　　　　　　图 7-23　设置箭头的类型

(3) 单击【确定】按钮，即可定义并应用箭头样式，效果如图 7-24 所示。

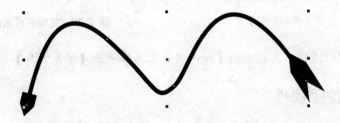

图 7-24　应用后的效果

7.2 轮廓的常见管理

CorelDRAW X6 允许将轮廓属性复制到其他对象。还可以将轮廓转换为对象，并且可以删除轮廓。将轮廓转换为对象，即可创建一个具有轮廓形状的未填充闭合对象。

7.2.1 复制轮廓属性

复制轮廓属性的操作方法如下。

(1) 在绘图页中绘制图形，读者可以根据喜好填充自己喜欢的颜色，这里绘制的是五角星和圆形，将五角星的轮廓线宽度设置为 1.5mm，如图 7-25 所示。

(2) 选择工具箱中的【选择工具】，在绘图页中选择星形对象，单击鼠标右键并拖动鼠标至椭圆对象上，如图 7-26 所示。

图 7-25 填充对象后设置五角星的轮廓线　　　　　图 7-26 拖动对象

(3) 松开鼠标，在弹出的快捷菜单中选择【复制轮廓】命令，如图 7-27 所示。

(4) 即可将星形上的轮廓复制到圆形上，如图 7-28 所示。

图 7-27 选择【复制轮廓】命令　　　　　图 7-28 复制完成后的效果

提示：也可以通过工具箱中的【颜色滴管工具】和【填充工具】复制轮廓。

7.2.2 删除轮廓属性

若要删除轮廓属性，可以选择对象，直接使用鼠标右键单击调色板中的⊠图标，或者在工具箱中单击【轮廓笔】按钮，在弹出的下拉菜单中选择【无轮廓】命令。

7.2.3 将轮廓转换为对象

在 CorelDRAW 中，只能对轮廓线进行宽度、颜色和样式的调整。如果要对对象中的轮廓线填充渐变、图样和底纹效果，或者要对进行更多的编辑，可以将轮廓线转换为对象，以便进行下一步的操作。

选择需要转换轮廓线的对象，在菜单栏中选择【排列】|【将轮廓转换为对象】命令，如图 7-29 所示，即可将该对象中的轮廓转换为对象。

图 7-29 选择【将轮廓转换为对象】命令

7.3 应用笔刷工具调整轮廓

在编辑图形时，可以使用 CorelDRAW X6 中的涂抹笔刷、粗糙笔刷等工具对象进行修饰，以满足不同的图形编辑需要。

7.3.1 涂抹笔刷工具

使用【涂抹笔刷工具】可以创建更为复杂的曲线图形。【涂抹笔刷工具】可在矢量图形边缘或内部任意涂抹，已达到变形对象的目的。

单击【涂抹笔刷工具】按钮，该工具的属性栏设置如图 7-30 所示。

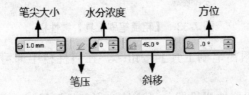

图 7-30 【涂抹笔刷工具】属性栏

● 【笔尖大小】：输入数值来设置涂抹笔刷的大小。

- 【笔压】：如果用户使用绘图笔，则该选项成可用状态，使用该工具可以改变笔刷笔尖的大小并对笔应用压力。
- 【水分浓度】：可设置涂抹笔刷的力度，只需单击  按钮，即可转换为使用已经连接好的压感笔模式。
- 【斜移】：可以输入倾斜所需的固定值。
- 【方位】：可以设置笔刷关系的角度。

【实例 7-3】涂抹对象

下面通过实例来讲解如何涂抹对象。

(1) 打开"素材\Cha07\涂抹素材.cdr"素材文件，如图 7-31 所示。

(2) 单击【涂抹笔刷工具】按钮 ，将属性栏中的【笔尖大小】设置为 10mm，其他设置为默认值，然后在素材上拖动鼠标向下移动，到达所需的位置处松开鼠标左键，效果如图 7-32 所示。

图 7-31　打开素材文件　　　　图 7-32　涂抹后的效果

7.3.2　粗糙笔刷工具

使用【粗糙笔刷工具】可以使曲线对象变得粗糙，下面对【粗糙笔刷工具】简单的介绍。

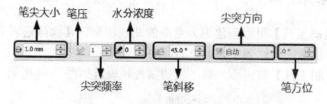

图 7-33　【粗糙笔刷工具】属性栏

在工具箱中单击【粗糙笔刷工具】按钮 ，在属性栏中即可显示它的相关选项，如图 7-33 所示。

【粗糙笔刷工具】的属性栏设置与【涂抹笔刷工具】类似，只是在【尖突方向】下拉列表框 中设置笔尖方位角时，需要在【笔方位】微调框 中设置笔尖方位角的角度值。

7.4　小型案例实训

下面通过制作海报和卡通蜂窝案例来巩固本章所学习的知识。

7.4.1　制作海报

下面讲解如何制作海报，效果如图 7-34 所示。其具体操作步骤如下。

图 7-34　制作海报

(1)　打开"素材\Cha07\海报-素材.cdr"素材文件，如图 7-35 所示。

(2)　单击【文本工具】按钮 字，输入文字，将【字体】设置为【经典美黑简】，将【字号】设置为 200pt，按 Ctrl+F8 组合键，将其转换为美术字，如图 7-36 所示。

图 7-35　打开素材文件

图 7-36　转换完成后的效果

(3)　打开"素材\Cha07\图片.cdr"素材文件，如图 7-37 所示。

(4)　将其复制到如图 7-38 所示的位置处。

(5)　在图片上单击鼠标右键，在弹出的快捷菜单中选择【PowerClip 内部】命令，当指针变为 ➡ 的时候，在文字上单击，效果如图 7-39 所示。

(6)　按 F12 键，弹出【轮廓笔】对话框，将颜色的 RGB 值设置为 244、171、167，将【宽度】设置为 2mm，如图 7-40 所示。

(7)　单击【确定】按钮，使用【文本工具】输入文字，将【字体】设置为【经典特黑体】，将【字号】设置为 200pt，调整字体的高度。按 Ctrl+F8 组合键，将其转换为美术字，效果如图 7-41 所示。

图 7-37　打开素材文件

图 7-38　复制对象

图 7-39　完成后的效果

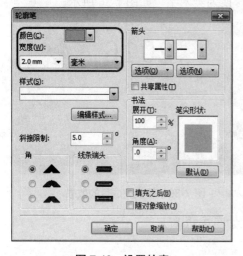

图 7-40　设置轮廓

图 7-41　设置字体

　　(8)　选中文字，按 F11 键，弹出【渐变填充】对话框，将【预设】设置为【01 - 异域天空】，如图 7-42 所示。

　　(9)　单击【确定】按钮，即可查看效果，如图 7-43 所示。

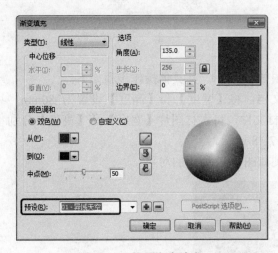

图 7-42　设置渐变填充

图 7-43　设置渐变后的效果

(10) 将文字的轮廓【颜色】设置为白色，将【宽度】设置为 3mm，如图 7-44 所示。

(11) 在工具箱中单击【阴影工具】按钮 ，为文字添加阴影，如图 7-45 所示。

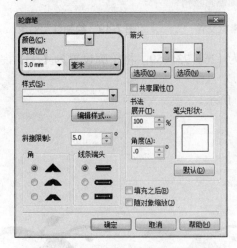

图 7-44　设置文字的宽度

图 7-45　调整阴影

(12) 使用【文本工具】输入文字，如图 7-46 所示。

图 7-46　设置文字

7.4.2 制作卡通蜂窝

下面将讲解如何制作卡通蜂窝，效果如图 7-47 所示。其具体操作步骤如下。

(1) 按 Ctrl+N 组合键，新建一个空白文档，将【宽度】和【高度】设置为 80mm、70mm，然后导入"素材\Cha07\背景.jpg"素材文件，将素材图片【宽度】和【高度】分别设置为 80mm、70mm，然后调整位置，如图 7-48 所示。

(2) 使用【钢笔工具】在空白位置处绘制如图 7-49 所示的对象。

图 7-47　制作卡通蜂窝　　　　图 7-48　导入素材文件　　　　图 7-49　绘制蜂窝对象

(3) 为对象填充颜色，将 RGB 颜色值设置为 126、73、59，将轮廓设置为【无】，如图 7-50 所示。

(4) 复制对象，将其填充为黑色，如图 7-51 所示。

图 7-50　填充颜色　　　　　图 7-51　复制对象并将其填充为黑色

(5) 使用【钢笔工具】绘制如图 7-52 所示的对象，将轮廓设置为【无】，将填充颜色设置为黑色。

(6) 将绘制的对象与第 4 步填充的黑色蜂窝放置在同样的位置处，然后选择两个对象，将其进行合并，如图 7-53 所示。

(7) 将合并后的对象放置如图 7-54 所示的位置处。

(8) 使用【钢笔工具】绘制如图 7-55 所示的对象，并填充颜色。

图 7-52　绘制对象

图 7-53　将对象进行合并

图 7-54　调整对象的位置

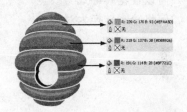

图 7-55　填充颜色后的效果

(9)　调整其位置，效果如图 7-56 所示。

(10)　使用绘图工具绘制树叶，为其填充颜色，如图 7-57 所示。

(11)　绘制完成后，调整其位置，并使用绘图工具绘制其他树叶，如图 7-58 所示。

图 7-56　调整位置

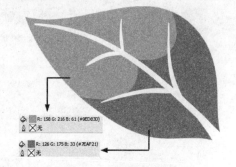

图 7-57　填充树叶颜色

图 7-58　最终效果

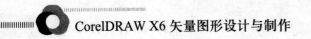

本 章 小 结

本章主要讲解如何对对象轮廓进行修饰与美化，其中主要讲解了轮廓设置，其次讲解了轮廓的常见管理以及如何应用笔刷工具调整轮廓。

习 题

1. 设置轮廓色的方法有哪几种？
2. 如何设置轮廓样式与线宽？
3. 如何将轮廓转换为对象？

第 8 章

图形的高级编辑与处理

本章要点:

- 图文框精确剪裁对象。
- 裁剪方式。
- 图形的重新组合。
- 图形边缘造型处理。

学习目标:

- 掌握对象的裁剪方式。
- 掌握对象的组合方式。
- 学会设置对象的造型。

8.1　图文框精确剪裁对象

【图框精确剪裁】命令可以将对象置入到目标对象的内部,使对象按目标对象的外形进行精确的剪裁,在 CorelDRAW X6 中进行图形编辑、版式安排等实际操作时,【图框精确剪裁】命令是经常用到的功能。

8.1.1　放置 PowerClip 图文框

在 CorelDRAW X6 中用户可以将选择对象放置在图文框内部。

将选择对象放置在图文框内部的具体操作步骤如下。

(1)　在工具箱中单击【基本形状工具】按钮 ，在属性栏中单击【完美形状】按钮,在弹出的下拉菜单中选择 形状,然后在空白页面中创建所选择的形状,如图 8-1 所示。

(2)　按 Ctrl+I 组合键,导入"素材\Cha08\001.jpg"素材文件,效果如图 8-2 所示。

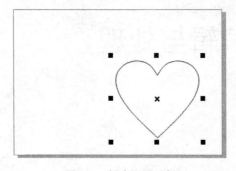

图 8-1　创建图形对象

图 8-2　导入图片效果

(3)　选中导入的图片,在菜单栏中选择【效果】|【图框精确剪裁】|【置于图文框内部】命令,如图 8-3 所示。

(4)　当鼠标指针变为黑色箭头状态时,单击创建的图形对象,如图 8-4 所示,即可将所选对象置于该图形中,如图 8-5 所示。

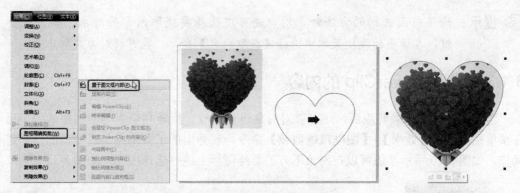

图 8-3　选择【置于图文框内部】命令　　图 8-4　单击鼠标左键　　图 8-5　放置效果

提示： 用户还可以用鼠标右键拖曳图片至图形的位置处，然后释放鼠标，在弹出的快捷菜单中选择【图框精确剪裁内部】命令，也可将图片放置到图框中，如图 8-6 所示。

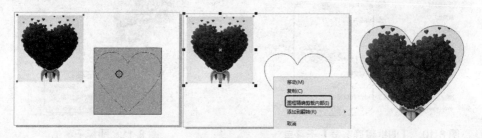

图 8-6　显示效果

8.1.2　提取内容

【提取内容】功能就是提取嵌套图框精确剪裁中每一级的内容。提取内容的具体操作步骤如下。

(1) 打开"素材\Cha08\提取内容素材.cdr"素材文件，如图 8-7 所示。

(2) 在菜单栏中选择【效果】|【图框精确剪裁】|【提取内容】命令，如图 8-8 所示。

(3) 提取内容的显示效果如图 8-9 所示。

图 8-7　打开素材文件　　　图 8-8　选择【提取内容】命令　　　图 8-9　完成效果

提示：除了前面讲到的方法外，用户还可以选择要提取内容的对象，单击鼠标右键，在弹出的快捷菜单中选择【提取内容】命令，也可将对象提取出来。

8.1.3 编辑 PowerClip 的内容

当用户将对象精确剪裁后，还可以对对象进行缩放、旋转和位置等的调整。用户可以在菜单栏中选择【效果】|【图框精确剪裁】命令，在弹出的子菜单中选择合适的命令进行操作，如图 8-10 所示。还可以在对象下方的悬浮图标上进行选择操作，如图 8-11 所示。

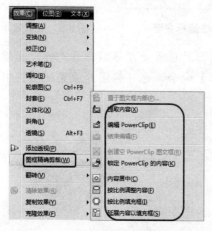

图 8-10 【图框精确剪裁】子菜单

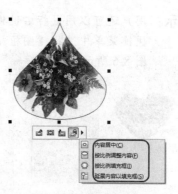

图 8-11 图标子菜单

编辑 PowerClip 内容的具体操作步骤如下。

(1) 打开"素材\Cha08\提取内容素材.cdr"素材文件，使用【选择工具】选中素材对象，然后单击鼠标右键，在弹出的快捷菜单中选择【编辑 PowerClip】命令，如图 8-12 所示。

(2) 目标对象呈轮廓的形式显示，如图 8-13 所示。

图 8-12 选择【编辑 PowerClip】命令

图 8-13 显示轮廓

(3)　使用【选择工具】选中图片并调整大小和位置，效果如图 8-14 所示。

(4)　调整完成后，单击正下方的【停止编辑内容】按钮 即可完成编辑，如图 8-15 所示。

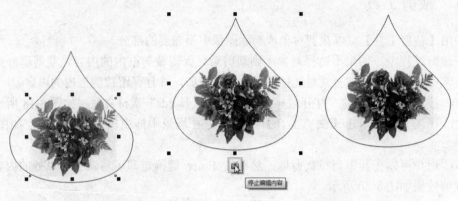

图 8-14　调整大小和位置　　　　　　　　图 8-15　完成效果

8.1.4　锁定 PowerClip 的内容

在 CorelDRAW X6 中，用户不仅可以对【图框精确裁剪】对象的内容进行编辑，还可以通过单击鼠标右键，在弹出的快捷菜单中选择【锁定 PowerClip 的内容】命令，如图 8-16 所示，将选中的对象进行锁定。锁定对象后，变换图框精确剪裁对象时，只对图形对象进行变换，而锁定对象不会发生变化，如图 8-17 所示。

图 8-16　选择【锁定 PowerClip 的内容】命令　　　　图 8-17　移动效果

8.2 其他裁剪方式

8.2.1 裁剪工具

使用【裁剪工具】可以裁剪对象或删除图像中不需要的部分。

在裁剪过程中，如果不选择对象，则裁剪后只保留裁剪框内的内容，裁剪框外的对象全部被裁剪掉；反之，则会只对选择的对象进行裁剪，并且保留裁剪框内的内容。

(1) 按 Ctrl+O 组合键，打开素材\Cha08\裁剪工具.cdr"素材文件，如图 8-18 所示。

(2) 在工具箱中单击【裁剪工具】按钮 ，在场景中拖曳出一个裁剪框，如图 8-19 所示。

(3) 用户可以在其中调整裁剪框，然后按 Enter 键确定即可将裁剪框以外的内容裁剪掉，裁剪效果如图 8-20 所示。

图 8-18　打开素材文件　　　图 8-19　拖曳出裁剪框效果　　　图 8-20　裁剪完成后的效果

8.2.2 刻刀工具

【刻刀工具】可以将对象边缘沿直线、曲线拆分为两个或多个独立的对象。

单击工具箱中的【刻刀工具】按钮 ，其相应的属性栏如图 8-21 所示。

图 8-21　【刻刀工具】属性栏

属性栏中的各选项说明如下。

● 【保留为一个对象】 ：可使分割后的对象成为一个对象。

● 【剪切时自动闭合】 ：可将一个对象分成两个独立的对象。

【实例 8-1】制作分离背景图片

下面通过简单的实例介绍【刻刀工具】的使用。

(1) 打开"素材\Cha08\使用刻刀工具.cdr"素材文件，如图 8-22 所示。

(2) 在工具箱中单击【刻刀工具】按钮 ，并在其属性栏中取消选中【保留为一个对象】按钮 ，当光标变为刻刀形状 时，移动到对象轮廓线上单击鼠标左键，然后将光标移动到另一边，可以预览到一条实线，如图 8-23 所示。

图 8-22　打开素材文件

图 8-23　预览实线

(3) 其分割效果如图 8-24 所示。

(4) 在工具箱中单击【选择工具】按钮，将分割的对象进行调整，效果如图 8-25 所示。

图 8-24　分割对象后的效果

图 8-25　调整后的效果

8.2.3　橡皮擦工具

【橡皮擦工具】主要用于擦除位图或矢量图中不需要的部分。CorelDRAW X6 在擦除时，将自动闭合所有受影响的路径，并将对象转换为曲线。

1.【橡皮擦工具】的属性设置

在工具箱中单击【橡皮擦工具】按钮 ，属性栏中就会显示相应的选项，如图 8-26 所示。

图 8-26　【橡皮擦工具】属性栏

属性栏各选项说明如下。

● 　【橡皮擦厚度】 ：在该微调框中可以设置橡皮擦笔头的大小，数值越大，笔头越大。

- 【减少节点】按钮 ⚙：单击该按钮，可以减少擦除区域的节点数。
- 【橡皮擦形状】按钮 ⚙：单击该按钮，可以将橡皮擦笔头的形状改为方形，再单击【橡皮擦形状】按钮 □，则橡皮擦笔头的形状又改为圆形。

📑 提示：擦除对象后，并没有将原对对象拆分开来。与【刻刀工具】不同的是，【橡皮擦工具】可以在对象内进行擦除。

2. 使用橡皮擦工具

使用【橡皮擦工具】的具体操作步骤如下。

(1) 在工具箱中单击【星形工具】按钮 ⚙，在空白页面中绘制一个五角星对象，并将其填充为红色，如图 8-27 所示。

(2) 在工具箱中单击【橡皮擦工具】按钮 ⚙，在其属性栏中将【橡皮擦厚度】设置为 2.00mm，并单击【减少节点】按钮 ⚙，然后单击鼠标左键向对角拖曳，如图 8-28 所示。

图 8-27　绘制五角星

图 8-28　擦除路径

(3) 到所需的位置后再次单击鼠标，擦除效果如图 8-29 所示。

(4) 用同样的方法，在场景中再次擦除几部分，最终显示效果如图 8-30 所示。

图 8-29　使用橡皮擦工具效果

图 8-30　最终效果

【实例 8-2】擦除蓝色的花瓶

下面将运用前面学习的知识擦除蓝色的花瓶，具体操作步骤如下。

(1) 打开"素材\Cha08\擦除蓝色的花瓶.cdr"素材文件，如图 8-31 所示。

(2) 在工具箱中单击【橡皮擦工具】按钮 ⚙，在属性栏中单击【减少节点】按钮 ⚙，将【橡皮擦厚度】设置为 5.0mm，如图 8-32 所示。

(3) 设置完成后，按住鼠标左键将最右侧的花瓶进行涂抹擦除，擦除后的显示效果如图 8-33 所示。

图 8-31　打开素材文件

图 8-32　设置参数

图 8-33　擦除效果

8.2.4　虚拟段删除工具

【虚拟段删除工具】主要用来移除对象中重叠和不需要的线段。

使用【虚拟段删除工具】可以将交点之间的虚拟段删除。在工具箱中单击【虚拟段删除工具】按钮，可直接在要删除的虚拟段上单击，也可以拖出一个虚框来框选要删除的多条虚拟段或对象。

使用【虚拟段删除工具】的具体操作步骤如下。

(1) 在工具箱中单击【椭圆形工具】按钮，然后在绘图页中绘制一个如图 8-34 所示的椭圆。

(2) 选中椭圆对象后，再次单击鼠标左键，使其处于旋转状态，如图 8-35 所示。

(3) 按 Ctrl+C 组合键将其复制，接着按 Ctrl+V 组合键将其粘贴，并在文件中将其旋转，旋转效果如图 8-36 所示。

(4) 使用同样的方法复制并旋转其他对象，复制旋转效果如图 8-37 所示。

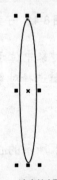 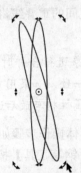 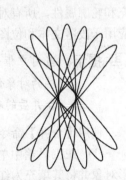

图 8-34　绘制椭圆对象　　图 8-35　处于旋转状态　　图 8-36　旋转效果　　图 8-37　复制和旋转对象

(5) 在工具箱中单击【虚拟段删除工具】按钮，在场景中框选要删除的虚拟段对象，如图 8-38 所示。

(6) 松开鼠标左键，即可将框选的虚拟对象删除，显示效果如图 8-39 所示。

(7) 用同样的方法将其他要删除的虚拟段删除，效果如图 8-40 所示。

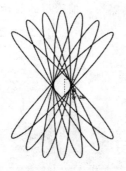

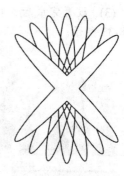

图 8-38　框选对象　　　　　　图 8-39　显示效果　　　　　　图 8-40　完成效果

提示：【虚拟段删除工具】对连接的群组无效。在删除多余线段后，图形将无法进行填充操作，删除线段后节点是断开的。当用户想要将其进行填充时，单击工具箱中的【形状工具】按钮，对节点进行连接闭合路径后进行填充即可。

8.3　图形的重新组合

在菜单栏中选择【排列】|【造形】命令，在弹出的子菜单中为用户提供了改变对象形状的命令，如图 8-41 所示。

8.3.1　合并图形

【合并】命令可以将多个单一对象或组合的多个图形对象合并在一起。合并具有单一轮廓的独立对象时，新对象将沿用目标对象的填充和轮廓属性，所有对象之间的重叠线将消失。但【合并】命令不能应用于段落文本和位图图像。

图 8-41　子菜单

提示：当用户框选对象进行合并时，合并后的对象属性将会与所选对象中位于最下层的对象保持一致。如果用户使用【选择工具】并按住 Shift 键选择对象时，合并后的对象属性将与最后选择的对象属性一致。

使用【合并】命令的具体操作步骤如下。

(1) 在工具箱中单击【钢笔工具】按钮 ，在绘图页中创建如图 8-42 所示的心形图形对象并将其填充为红色。

(2) 在工具箱中单击【矩形工具】按钮 ，创建一个矩形图形对象并将其填充为黄色，如图 8-43 所示。

(3) 框选两个图形对象，在菜单栏中选择【排列】|【造形】|【合并】命令，如图 8-44 所示。

(4) 合并后的显示效果如图 8-45 所示。

图 8-42 创建心形图形

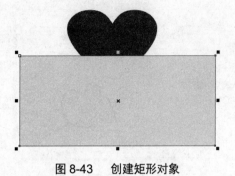

图 8-43 创建矩形对象

图 8-44 选择【合并】命令

图 8-45 显示效果

8.3.2 修剪图形

【修剪】命令可以将一个对象用一个或多个对象进行修剪，但原对象仍保持原有的填充和轮廓属性。【修剪】命令不能对文本、度量线起作用，当用户将文本对象在转换为曲线后可以对其进行修剪。

修剪对象时，可以移除和其他选定对象重叠的部分，这些部分被剪切后将创建出一个新的形状，所以修剪是快速创建不规则形状的好办法。

(1) 打开"素材\Cha08\修剪图形.cdr"素材文件，如图 8-46 所示。

(2) 在工具箱中单击【椭圆形工具】按钮 ，在绘图页的空白位置处创建一个椭圆形对象并将其填充为红色，如图 8-47 所示。

(3) 选择创建的椭圆形对象，然后单击鼠标右键，在弹出的快捷菜单中选择【顺序】|【置于此对象后】命令，如图 8-48 所示。

(4) 当鼠标指针变为黑色箭头时，移动到鸽子图形对象上面并单击鼠标左键，如图 8-49 所示。

(5) 在工具箱中单击【选择工具】按钮 ，调整图形对象的位置，如图 8-50 所示。

(6) 在菜单栏中选择【排列】|【造形】|【修剪】命令，如图 8-51 所示。

图 8-46　打开素材文件

图 8-47　创建椭圆形对象

图 8-48　选择【置于此对象后】命令

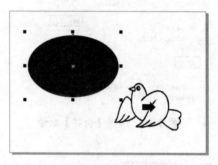

图 8-49　单击鼠标左键

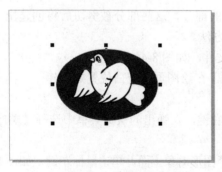

图 8-50　调整位置

图 8-51　选择【修剪】命令

　　(7)　在属性栏中单击【移除前面对象】按钮，如图 8-52 所示。即可将下层的对象减去上层对象，修剪效果如图 8-53 所示。

图 8-52　单击【移除前面对象】按钮

图 8-53　修剪效果

8.3.3　相交图形

【相交】命令可在两个或多个对象重叠区域上创建新的独立对象。

选择需要相交的图形对象，在菜单栏中选择【排列】|【造形】|【相交】命令，即可将图形重叠部分创建为一个新的图形对象。

【实例 8-3】制作剪贴画

下面将通过实例讲解如何制作剪贴画，具体操作步骤如下。

(1) 打开"素材\Cha08\相交图形.cdr"素材文件，如图 8-54 所示。

(2) 在工具箱中单击【矩形工具】按钮口，创建矩形对象并将其轮廓色和填充颜色设置为红色，如图 8-55 所示。

图 8-54　打开素材

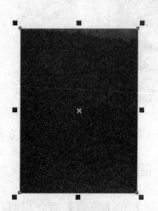

图 8-55　创建矩形对象

(3) 选择创建的矩形，然后单击鼠标右键，在弹出的快捷菜单中执行【顺序】|【置于此对象后】命令，如图 8-56 所示。

(4) 当鼠标指针变为黑色箭头时，单击猴子图形对象，如图 8-57 所示。

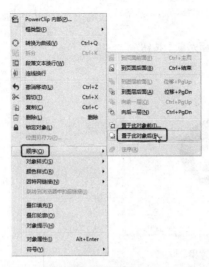

图 8-56　选择【顺序】|【置于此对象后】命令　　　　图 8-57　单击鼠标左键

(5)　在工具箱中单击【选择工具】按钮 ▷，将创建的矩形移动如图 8-58 所示的位置。

(6)　在菜单栏中选择【排列】|【造形】|【相交】命令，如图 8-59 所示。

(7)　选择【相交】命令后将创建的矩形和原素材删除，最终显示效果如图 8-60 所示。

图 8-58　调整位置　　　　图 8-59　选择【相交】命令　　　　图 8-60　最终效果

8.3.4　简化图形

　　【简化】和【修剪】命令相似，可以将相交区域的重合部分进行修剪，不同的是【简化】命令不分原对象。

　　选择将要进行简化的对象，如图 8-61 所示；在菜单栏中选择【排列】|【造形】|【简化】命令，如图 8-62 所示；简化后的相交区域已被修剪掉，如图 8-63 所示。

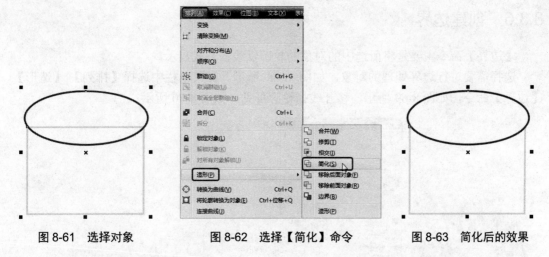

图 8-61　选择对象　　　　图 8-62　选择【简化】命令　　　　图 8-63　简化后的效果

8.3.5　移除部分图形对象

移除对象一般分为两种情况，一种是【移除前面对象】，将前面对象减去底层对象的操作；另一种是【移除后面对象】，将后面对象减去顶层对象的操作。

首先选择图形对象，如图 8-64 所示，在菜单栏中选择【排列】|【造形】|【移除后面对象】命令，如图 8-65 所示，显示效果如图 8-66 所示，当选择【移除前面对象】命令时的显示效果如图 8-67 所示。

图 8-64　选择图形对象　　　　　　图 8-65　选择【移除后面对象】命令

图 8-66　选择【移除后面对象】命令后的显示效果　　图 8-67　选择【移除前面对象】命令后的显示效果

8.3.6 创建边界

【边界】命令主要是将所选中的对象的轮廓以线描方式显示。

选择需要进行边界处理的对象，如图 8-68 所示。在菜单栏中选择【排列】|【造形】|【边界】命令，如图 8-69 所示，移开线描轮廓可见，如图 8-70 所示。

图 8-68　选择对象　　　　图 8-69　选择【边界】命令　　　　图 8-70　显示边界效果

8.4　图形边缘造型处理

在 CorelDRAW X6 中提供了为图形边缘进行造型处理的功能，下面将详细讲解。

8.4.1 转动对象

【转动工具】命令就是在对象轮廓处单击鼠标左键使边缘产生旋转形状。

首先选择要转动的线段，在工具箱中单击【转动工具】按钮 ，将鼠标光标放置在线段上，如图 8-71 所示。按住鼠标左键，在光标范围内会出现转动的预览效果，如图 8-72 所示。

图 8-71　移动光标位置　　　　　　　　图 8-72　预览转动效果

当转动效果达到用户需要的程度时，松开鼠标左键即可完成编辑，如图 8-73 所示。

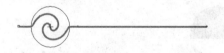

图 8-73　完成转动

提示：当用户使用【转动工具】时，转动的形状圈数将根据按住鼠标左键的时间长短来决定。按的时间越长圈数越多，时间越短则反之。如图 8-74 所示为不同时间的对比效果。

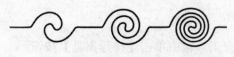

图 8-74　对比效果

当用户使用【转动工具】进行涂抹时，涂抹位置处也会发生旋转的效果，但是旋转部分不能离开画笔范围。

(1) 当光标中心位于线段外侧时，如图 8-75 所示，涂抹后的显示效果如图 8-76 所示。

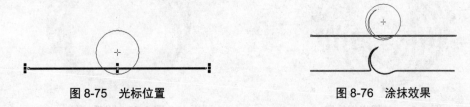

图 8-75　光标位置　　　　　　　　　　　　图 8-76　涂抹效果

(2) 当光标中心点位置放在线段上时，转动后的显示效果为圆角，如图 8-77 所示。

(3) 当光标中心点位置放在节点上涂抹时，转动后的显示效果为单线条螺旋纹，如图 8-78 所示。

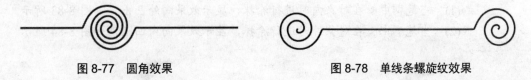

图 8-77　圆角效果　　　　　　　　　　　　图 8-78　单线条螺旋纹效果

8.4.2　吸引与排斥对象

【吸引工具】可以在对象内部或外部边缘产生回缩涂抹效果，群组同样也可以进行涂抹操作。而【排斥工具】正好相反，它可以在对象内部或外部边缘产生推挤涂抹效果。

1. 吸引工具

选择对象，在工具箱中单击【吸引工具】按钮，将鼠标指针放置在图形对象的边缘线上，如图 8-79 所示，用户长时间按住鼠标左键进行吸引，显示效果如图 8-80 所示。

图 8-79　放置鼠标指针位置　　　　　　　　　图 8-80　吸引效果

提示： 当用户使用【吸引工具】的时候，所选对象的轮廓只有在笔触的范围内，才能够显示涂抹效果。

2. 排斥工具

首先选择图形对象，在工具箱中单击【排斥工具】按钮，将鼠标指针放置在将要排斥的位置处，如图 8-81 所示。长按鼠标左键，松开后即可完成排斥操作，完成效果如图 8-82 所示。

图 8-81　放置光标位置

图 8-82　排斥效果

提示：【排斥工具】是从笔刷中心开始向笔刷边缘推挤产生效果的，当用户进行涂抹时会出现两种情况。

(1)　当笔刷中心在对象内时进行涂抹，显示效果向外凸出，如图 8-83 所示。

(2)　当笔刷中心在对象外时进行涂抹，显示效果向内凹陷，如图 8-84 所示。

图 8-83　向外凸出

图 8-84　向内凹陷

8.5　小型案例实训

下面将通过制作标题文字和制作口腔医院标志来巩固本章主要讲解的知识。

8.5.1　制作标题文字

本案例将讲解如何制作标题文字，主要应用了文本工具、调整节点、轮廓笔等知识点。标题文字显示效果如图 8-85 所示。

(1)　打开"素材\Cha08\标题文字素材 1.cdr"素材文件，如图 8-86 所示。

图 8-85　标题文字

图 8-86　打开素材

(2)　在工具箱中单击【文本工具】按钮，在属性栏中将【字体】设置为 Segoe Script，将【字体大小】设置为 26pt，单击【粗体】按钮，然后输入文本对象，效果如图 8-87 所示。

(3)　选择创建的文本对象并对其复制。选择复制得到的对象，按 F12 键，在弹出的【轮廓笔】对话框中将【颜色】设置为黑色，将【宽度】设置为 1.0mm，如图 8-88 所示。

图 8-87　文本对象

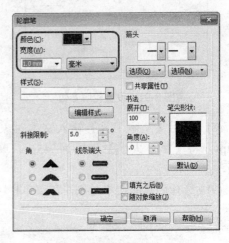

图 8-88　设置轮廓参数

(4)　设置完成后单击【确定】按钮，完成后的轮廓显示效果如图 8-89 所示。

(5)　在菜单栏中选择【窗口】|【泊坞窗】|【对象管理器】命令，在弹出的【对象管理器】泊坞窗中将设置轮廓的图层放置在下方，如图 8-90 所示。

(6)　选择圆文本对象，并将其颜色参数设置为 156、47、172。按 F12 键，在弹出的【轮廓笔】对话框中将【颜色】设置为白色，将【宽度】设置为 1.0mm，如图 8-91 所示。

(7)　设置完成后单击【确定】按钮，然后向上调整文本位置，显示效果如图 8-92 所示。

图 8-89　轮廓效果

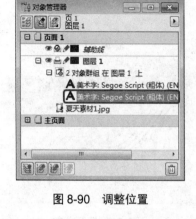

图 8-90　调整位置

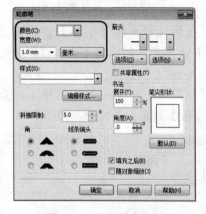

图 8-91　设置轮廓参数

图 8-92　最终效果

(8) 使用【文本工具】输入文本对象并选中，在属性栏中将【字体】设置为 Segoe Script，将【字体大小】设置为 45pt，单击【粗体】按钮 B，文本显示效果如图 8-93 所示。

(9) 选择创建的文本对象，在菜单栏中选择【排列】|【拆分美术字】命令，如图 8-94 所示。

图 8-93　文本效果

图 8-94　选择【拆分美术字】命令

(10) 拆分之后，选择其中一个字母对象，在工具箱中单击【轮廓工具】按钮，在属性栏中将【预设】设置为【外向流动】，设置效果如图 8-95 所示。

(11) 在属性栏中将【轮廓图步长】设置为 2，将【轮廓图偏移】设置为 0.3mm，设置完成后的显示效果如图 8-96 所示。

图 8-95　显示效果

图 8-96　显示效果

(12) 继续选中该对象，然后单击鼠标右键，在弹出的快捷菜单中选择【拆分轮廓图群组】命令，如图 8-97 所示。

(13) 使用【选择工具】即可将群组分开，效果如图 8-98 所示。

图 8-97　选择【拆分轮廓图群组】命令

图 8-98　分开效果

(14) 然后将原字母删除，将得到的轮廓字母填充为黑色，如图 8-99 所示。

(15) 使用同样的方法设置其他字母对象，设置完成后并调整各字母的间距，显示效果如图 8-100 所示。

(16) 选择调整好的字母对象，单击鼠标右键，在弹出的快捷菜单中选择【群组】命令，如图 8-101 所示。

(17) 将群组对象进行复制。选择复制的对象，并将其颜色参数设置为 176、75、135，然后将其向上调整到合适的位置，如图 8-102 所示。

(18) 继续选中该对象，按 F12 键，在弹出的【轮廓笔】对话框中将【颜色】设置为白色，将【宽度】设置为 0.75mm，如图 8-103 所示。

(19) 设置完成后单击【确定】按钮，设置完成后的显示效果如图 8-104 所示。

图 8-99　填充效果

图 8-100　显示效果

图 8-101　选择【群组】命令

图 8-102　设置复制对象

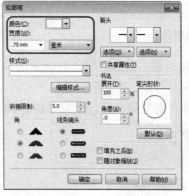
图 8-103　设置轮廓参数

图 8-104　显示效果

(20) 按 Ctrl+I 组合键，导入"素材\Cha08\标题文字素材 2.cdr"素材文件，如图 8-105 所示。

(21) 选择导入的素材文件，在菜单栏中选择【效果】|【图框精确剪裁】|【置于图文框内部】命令，如图 8-106 所示。

图 8-105　素材文件

图 8-106　选择【置于图文框内部】命令

(22) 当鼠标指针变为黑色箭头时，用鼠标左键单击如图 8-107 所示的文本对象。

(23) 置于图文框内部后的最终显示效果如图 8-108 所示。

图 8-107　单击鼠标左键

图 8-108　最终效果

8.5.2　制作口腔医院标志设计

本案例将讲解如何制作口腔医院标志，主要应用了文本工具、调整节点、轮廓笔等知识点。制作标题文字显示效果如图 8-109 所示。

(1) 按 Ctrl+N 组合键，在弹出的【创建新文档】对话框中将【名称】设置为【口腔医院标志设计】，将【宽度】设置为 850mm，将【高度】设置为 650mm，然后单击【确定】按钮，如图 8-110 所示。

图 8-109　口腔医院标志

图 8-110　设置【创建新文档】对话框参数

(2) 在工具箱中单击【钢笔工具】按钮，绘制如图 8-111 所示的形状。

(3) 选择绘制的图形，按 Shift+F11 组合键，弹出【均匀填充】对话框，将 CMYK 值设置为 86、49、1、0，如图 8-112 所示。

(4) 设置完成后单击【确定】按钮，填充效果如图 8-113 所示。

(5) 继续使用【钢笔工具】绘制如图 8-114 所示的形状。

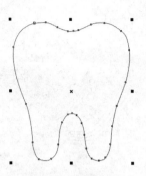

图 8-111　绘制形状

图 8-112　设置颜色参数

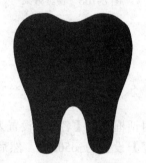

图 8-113　填充效果

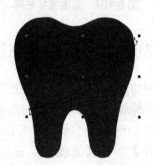

图 8-114　绘制形状

　　(6)　将新绘制的图形填充白色，并取消轮廓线的填充。然后同时选择新绘制的图形和牙齿图形，在属性栏中单击【修剪】按钮 ，即可修剪牙齿图形。修剪完成后，将白色图形删除即可，如图 8-115 所示。

　　(7)　继续使用【钢笔工具】绘制图形并将其填充白色，然后取消轮廓的显示，效果如图 8-116 所示。

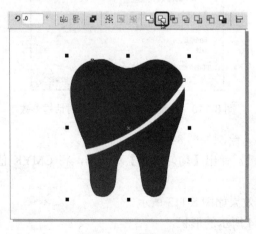

图 8-115　修剪形状

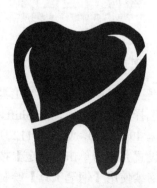

图 8-116　绘制并填充效果

(8) 选择新绘制的 3 个图形，在属性栏中单击【合并】按钮 ⬚，即可合并选择对象，合并显示效果如图 8-117 所示。

(9) 继续使用【钢笔工具】绘制如图 8-118 所示的形状。

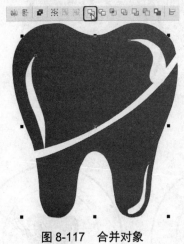

图 8-117　合并对象

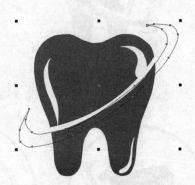

图 8-118　绘制形状

(10) 选择绘制的图形，按 Shift+F11 组合键，弹出【均匀填充】对话框，将 CMYK 值设置为 76、35、20、0，如图 8-119 所示。

(11) 设置完成后单击【确定】按钮，并取消轮廓线的显示。使用同样的方法，继续绘制图形并填充颜色，如图 8-120 所示。

图 8-119　设置颜色参数

图 8-120　绘制形状并填充

(12) 在工具箱中使用【椭圆形工具】，按住 Ctrl 键绘制如图 8-121 所示的圆。

(13) 为绘制的圆填充颜色，颜色 CMYK 值设置为 76、35、20、0。继续绘制一个圆并将其填充为黄色，如图 8-122 所示。

(14) 选择绘制的两个圆对象，在属性栏中单击【移除前面对象】按钮，移除效果如图 8-123 所示。

(15) 使用同样的方法绘制两个更大的对象进行同样的操作，完成效果如图 8-124 所示。

(16) 在工具箱中单击【钢笔工具】按钮，绘制曲线作为文字路径，如图 8-125 所示。

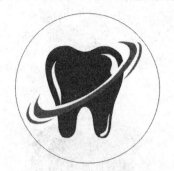

图 8-121　绘制圆

图 8-122　绘制形状并填充

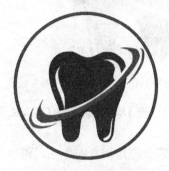

图 8-123　移除效果

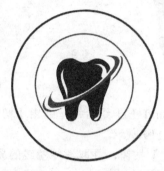

图 8-124　完成效果

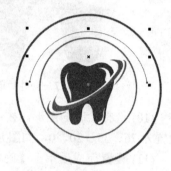

图 8-125　绘制路径

(17) 在工具箱中单击【文本工具】按钮，在绘制的路径上单击鼠标左键，然后输入文字。在属性栏中将字体设置为【华文新魏】，将字体大小设置为 125pt，如图 8-126 所示。

(18) 选择路径文字，在【文本属性】泊坞窗中将字符间距设置为 65%，如图 8-127 所示。

图 8-126　输入文本并设置参数

图 8-127　设置字符间距

(19) 在菜单栏中选择【排列】|【拆分在一路径上的文本】命令，如图 8-128 所示。

(20) 拆分文字后，将路径删除并将文字进行填充，显示效果如图 8-129 所示。

(21) 使用同样的方法输入其他文本对象并进行设置，如图 8-130 所示。

(22) 使用【矩形工具】，绘制如图 8-131 所示的矩形并对其进行填充。

图 8-128　选择【拆分在一路径上的文本】命令　　　　图 8-129　显示效果

图 8-130　输入其他文本　　　　　　　　　图 8-131　绘制矩形

(23) 将绘制的矩形对象进行复制，在属性栏中将复制后的矩形的【旋转角度】设置为 90°，旋转效果如图 8-132 所示。

(24) 使用同样的方法绘制同样的矩形对象，绘制效果如图 8-133 所示。

(25) 使用【文本工具】，输入如图 8-134 所示的文本对象并对其进行设置，口腔医院的标志制作完成。

图 8-132　旋转效果　　　　　图 8-133　绘制效果　　　　　图 8-134　完成效果

本 章 小 结

本章节主要讲解 CorelDRAW X6 中图形的高级编辑与处理，包括图文框精确剪裁对象、图形的重新组合、图形边缘造型处理等内容。

习　　题

1. 在 CorelDRAW X6 提供了哪几种剪裁方法？
2. 【简化】和【修剪】命令有什么不同？

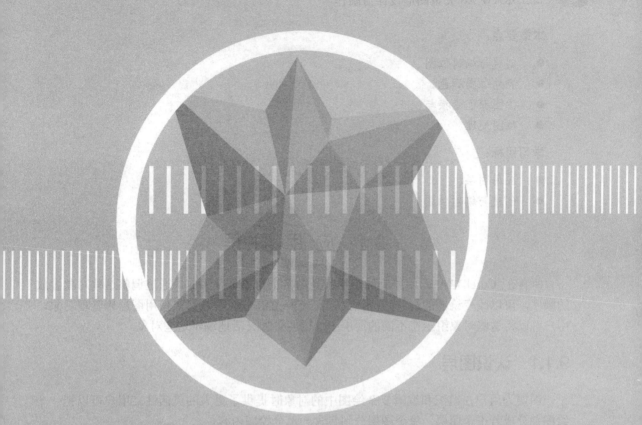

第 9 章

图层与位图

本章要点：

● 创建与编辑位图。

● 调整位图颜色。

● 位图颜色变换与校正。

● 位图处理。

学习目标：

● 应用图层。

● 创建与编辑位图。

9.1　应　用　图　层

所有在 CorelDRAW 中绘制的图形都是由多个对象堆叠组成，通过调整这些对象叠放的顺序，可以改变绘图的最终组成效果。在 CorelDRAW 中，可以使用图层来管理对象，用户可以将这些对象组织在不同的图层中，以便更加灵活地编辑这些对象。

9.1.1　认识图层

图层为用户在组织和编辑复杂绘图中的对象时提供了更大的灵活性。用户可以把一个绘图划分成若干个图层，每个图层分别包含一部分绘图内容。

在菜单栏中选择【窗口】|【泊坞窗】|【对象管理器】命令，如图 9-1 所示，开启【对象管理器】泊坞窗。在该窗口中可以看到每个新文件都是使用默认页面(页面 1)和主页面创建的，如图 9-2 所示。

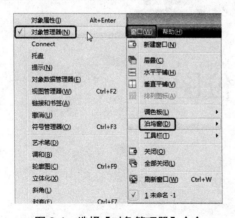

图 9-1　选择【对象管理器】命令

图 9-2　【对象管理器】泊坞窗

默认页面包括以下图层。

● 辅助线：存储特定页面(局部)的辅助线。在【辅助线】图层上放置的所有对象只显示为轮廓，而该轮廓可作为辅助线使用。

● 图层 1 ：指的是默认的局部图层。在页面上绘制对象时，对象将添加到该图层上，除非用户选择了另一个图层。

默认主页面包含以下图层。

- 辅助线(所有页)：包含用于文档中所有页面的辅助线。在【辅助线】图层上放置的所有对象只显示为轮廓，而该轮廓可作为辅助线使用。
- 桌面：包含绘图页面边框外部的对象。该图层可以存储用户稍后可能要包含在绘图页中的对象。
- 文档网格：包含用于文档中所有页面的文档网格。文档网格始终为底部图层。

9.1.2　图层的基本操作

在 CorelDRAW 中，图层是一个"载体"，它承载了图形的全部信息，这些图形对象全位于图层上。图层可以是一个也可以是无数个，通过对这些图层进行相关的操作，可以让图形对象的层次关系更加明确。

1. 创建图层

用户可以通过以下任意一种方式创建图层。

- 可以在【对象管理器】泊坞窗中单击左下角的【新建图层】按钮，如图 9-3 所示。
- 在【对象管理器】泊坞窗中单击【对象管理器选项】按钮，在弹出的下拉菜单中选择【新建图层】命令，如图 9-4 所示。

图 9-3　单击【新建图层】按钮

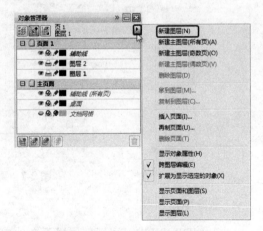

图 9-4　选择【新建图层】命令

2. 显示或隐藏图层

如果需要隐藏图层，则可以单击该图层左侧的【显示或隐藏】图标，当【显示或隐藏】图标呈样式时，表示该图层被隐藏，如图 9-5 所示。

也可以在选择的图层上单击鼠标右键，在弹出的快捷菜单中选择【可见】命令，如图 9-6 所示。

3. 重命名图层

在需要重命名的图层上单击鼠标右键，在弹出的快捷菜单中选择【重命名】命令，此时，图层名处变为可编辑文本框，在该文本框中输入新名并按 Enter 键确认即可，如图 9-7 所示。也可以通过单击两次图层名，然后输入新的名称来重命名图层。

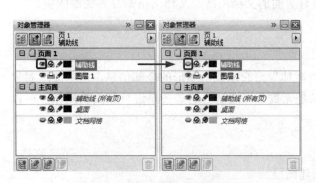

图 9-5　单击【显示或隐藏】图标

图 9-6　选择【可见】命令

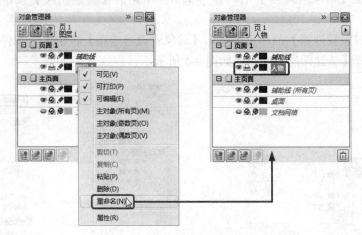

图 9-7　重命名图层

4. 删除图层

在 CorelDRAW 中，可以使用以下 3 种方法来删除图层。

- 在需要删除的图层上单击鼠标右键，在弹出的快捷菜单中选择【删除】命令，即可将选择的图层删除，如图 9-8 所示。
- 选择需要删除的图层，然后单击【对象管理器选项】按钮 ，在弹出的下拉菜单中选择【删除图层】命令，如图 9-9 所示。
- 选择需要删除的图层，然后单击右下角的【删除】按钮 ，如图 9-10 所示。

提示：【对象管理器】泊坞窗中的【文档网格】、【桌面】、【辅助线】和【辅助线(所有页面)】图层不能被删除。

图 9-8　选择【删除】命令　　图 9-9　选择【删除图层】命令　　图 9-10　单击【删除】按钮

【实例 9-1】更改图层对象叠放顺序

下面通过实例来讲解更改图层对象叠放顺序的方法，具体操作步骤如下。

(1) 打开 "素材\Cha09\图层对象叠放顺序-素材.cdr" 素材文件，如图 9-11 所示。

(2) 在【对象管理器】泊坞窗中选择【背景】图层，如图 9-12 所示。

(3) 按住鼠标左键并拖动，将其拖曳至【标志】的下方，即可调整图层对象排列顺序，效果如图 9-13 所示。

图 9-11　打开的素材文件　　图 9-12　选择【背景】图层　　图 9-13　调整图层对象排列顺序

9.1.3　在图层中添加对象

若要在指定的图层中添加对象，首先需要保证该图层处于未锁定状态。如果图层被锁定，可在【对象管理器】泊坞窗中单击图层名称前的按钮，将其解锁，然后在图层名称上单击，使该图层成为选中状态，如图 9-14 所示。例如，选择图层为【图层 1】，则在绘图页中创建的对象就会添加到【图层 1】中，如图 9-15 所示。

图 9-14　选择图层　　　　　　　　　　图 9-15　在图层中添加对象

9.1.4　在图层间复制与移动对象

在【对象管理器】泊坞窗中，可以移动图层的位置或者将对象移动到不同的图层中，也可以将选取的对象复制到新的图层中，下面分别进行介绍。

1. 复制图层

右击需要复制的图层，在弹出的快捷菜单中选择【复制】命令，即可复制图层。然后右击需要放置复制图层位置下方的图层，并在弹出的快捷菜单中选择【粘贴】命令，图层及其包含的对象将粘贴在选定图层的上方，如图 9-16 所示。

图 9-16　将对象复制到新的图层

2. 移动图层

若要移动图层，可在图层名称上单击，将需要移动的图层选取，然后将该图层拖动到新的位置即可，如图 9-17 所示。

图 9-17　移动图层的位置

如果要移动对象到新的图层，首先单击图层名称左侧的 ⊞ 图标，然后选择要移动的对象，将其拖动至新的图层上。当光标显示 ➡▇ 状态时释放鼠标，即可将该对象移动至指定的图层中，如图 9-18 所示。

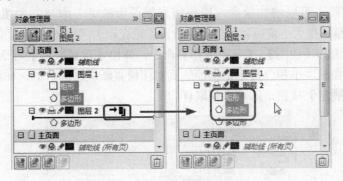

图 9-18　移动对象到其他图层

9.2　创建与编辑位图

在 CorelDRAW X6 中，可对指定的位图进行导入、重新取样、裁剪或做一些细节的编辑等，也可以将矢量图转换为位图进行编辑。

9.2.1　导入位图

在 CorelDRAW X6 中导入位图的操作步骤如下。

(1) 按 Ctrl+I 组合键，弹出【导入】对话框，选择需要打开的位图文件，如图 9-19 所示。

(2) 单击【导入】按钮即可，在绘图页中单击或拖动鼠标，可直接将所选的位图对象导入到绘图页中，如图 9-20 所示。

图 9-19　选择需要的位图文件

图 9-20　导入后的效果

9.2.2 重新取样图像

通过重新取样，可以增加像素，以保留原始图像的更多细节。为图像执行【重新取样】命令后，调整图像大小就可以使像素的数量无论在较大区域还是较小区域均保持不变。

在菜单栏中选择【位图】|【重新取样】命令，弹出【重新取样】对话框。可以在对话框中重新设置图像的大小和分辨率，从而达到对图像重新取样的目的，如图 9-21 所示。设置完成后单击【确定】按钮，即可重新取样。

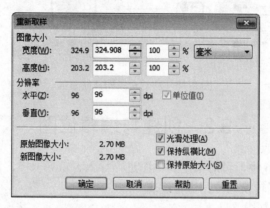

图 9-21　【重新取样】对话框

下面简单介绍【重新取样】对话框中各选项的功能。

- 【图像大小】：用于对位图图像的大小进行重新设置，用户可以重新输入图像的宽度和高度值，也可以调整宽、高的百分比。如果选中【保持纵横比】复选框，则调整图像大小时会按原有比例改变图像的宽、高。
- 【分辨率】：用于调整图像的水平或垂直方向上的分辨率。如果选中【保持纵横比】复选框，则图像的水平和垂直分辨率保持相同。
- 【光滑处理】：选中该复选框，可以对图像进行光滑处理，从而避免图像外观的参差不齐。
- 【保持原始大小】：选中该复选框，可以在调整时保持图像的体积大小不变。也就是如果调高了图像大小或分辨率两项中的某一项，则另外一项的数值就会下降。原始图像和新图像的体积大小都可以在对话框的左下方查看。
- 【重置】按钮：单击该按钮，可以恢复图像的大小和分辨率为原始值。

【实例 9-2】对位图进行重新取样

【重新取样】命令用于对位图进行重取样，从而重新调整位图的大小和分辨率。对位图进行重新取样的操作步骤如下。

(1) 新建一个空白文档，按 Ctrl+I 组合键，导入"素材\Cha09\重新取样.jpg"素材文件，如图 9-22 所示。

(2) 确定导入的素材文件处于选中状态，在菜单栏中选择【位图】|【重新取样】命令，如图 9-23 所示。

图 9-22　导入的素材文件

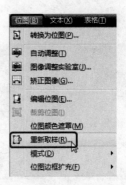

图 9-23　选择【重新取样】命令

（3）弹出【重新取样】对话框，在该对话框中将【水平】和【垂直】分辨率都设置为 100，然后选中【保持原始大小】复选框，如图 9-24 所示。

（4）设置完成后单击【确定】按钮，对位图进行重新取样后的效果如图 9-25 所示。

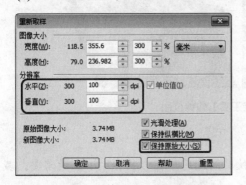

图 9-24　【重新取样】对话框

图 9-25　重新取样后的效果

9.2.3　裁剪位图

将位图添加到绘图后，可以对位图进行裁剪，以移除不需要的位图。要将位图裁剪成矩形，可以使用【裁剪工具】；要将位图裁剪成不规则形状，可以使用【形状工具】。

下面将分别介绍两种裁剪位图的方法。

1. 使用【裁剪工具】裁剪位图

在工具箱中单击【裁剪工具】按钮，在位图上按住鼠标左键并进行拖动，创建一个裁剪控制框。拖动控制框上的控制点，调整裁剪控制框的大小和位置，如图 9-26 所示，使其框选需要保留的图像区域。然后按 Enter 键进行确认，即可将位于裁剪控制框外的图像裁剪掉，如图 9-27 所示。

2. 使用【形状工具】裁剪位图

在工具箱中单击【形状工具】按钮，单击位图图像，此时在图像边角出现 4 个控制节点，接下来用户按照自己的需求对位图进行调整即可，如图 9-28 所示。

图 9-26　调整裁剪控制框

图 9-27　裁剪后的效果

图 9-28　使用【形状工具】裁剪位图

【实例 9-3】裁剪宠物图

【形状工具】按钮用于对位图进行裁剪，使其满足用户在形状和大小上的需要。裁剪位图的具体操作步骤如下。

(1) 新建一个空白文档，按 Ctrl+I 组合键，导入"素材\Cha09\重新取样.jpg"素材文件，如图 9-29 所示。

(2) 在工具箱中单击【形状工具】按钮，然后通过拖动位图的节点来调整位图的形状，效果如图 9-30 所示。

图 9-29　导入的素材文件　　　　　　　图 9-30　调整位图形状

提示：在使用【形状工具】裁剪位图图像时，按住 Ctrl 键可使鼠标在水平或垂直方向移动。使用【形状工具】裁剪位图与控制曲线的方法相同，可将位图边缘调整成直线或曲线。用户可以根据需要，将位图调整为各种所需的形状，但是使用【形状工具】不能裁剪群组后的位图图像。

9.2.4 转换为位图

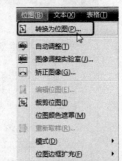

图 9-31 选择【转换为位图】命令

【转换为位图】命令可以将矢量图转换为位图，从而可以在位图中应用不能用于矢量图的特殊效果。

在页面中选择要转换的矢量对象，然后在菜单栏中选择【位图】|【转换为位图】命令，如图 9-31 所示，弹出【转换为位图】对话框，用户可以在对话框的【分辨率】列表框中设置位图的分辨率，在【颜色模式】下拉列表框中选择合适的颜色模式，如图 9-32 所示。

提示：颜色模式决定构成位图的颜色数量和种类，因此选择不同的颜色模式时，位图文件小也会受到影响。

下面简单介绍【转换为位图】对话框中各选项的功能。

- 【分辨率】：可以选择或输入矢量图转换为位图后的分辨率。转换为位图时分辨率越高，所包含的像素越多，位图对象的信息量就越大，文件也就越大。
- 【颜色模式】：可选择矢量图转换成位图后的颜色类型。
- 【光滑处理】：选中该复选框，可以对位图进行光滑处理，使位图边缘平滑。
- 【透明背景】：选中该复选框，可以创建出透明背景的位图。

【实例 9-4】将矢量图转换为位图

下面来介绍将矢量图转换为位图的方法，具体的操作步骤如下。

(1) 打开"素材\Cha09\公路边的建筑风景矢量素材.cdr"素材文件，如图 9-33 所示。

(2) 选择素材图片，在菜单栏中选择【位图】|【转换为位图】命令。

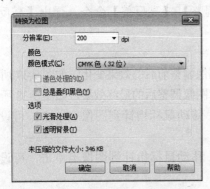

图 9-32 【转换为位图】对话框

图 9-33 素材文件

(3) 弹出【转换为位图】对话框，用户可以在对话框的【分辨率】下拉列表框中设置位图的分辨率，以及在【颜色模式】下拉列表框中选择合适的颜色模式，在这里使用默认设置即可，如图 9-34 所示。

(4) 单击【确定】按钮，即可将素材文件转换为位图，效果如图 9-35 所示。

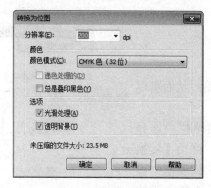

图 9-34 【转换为位图】对话框   图 9-35 转换为位图

9.3 调整位图颜色

为了使图像能够更加逼真地反映出事物的原貌，常常需要对图像进行调整和处理。在 CorelDRAW X6 中，可以对位图进行色彩亮度、光度和暗度等方面的调整。通过应用颜色和色调的效果，可以恢复阴影或高光中丢失的细节，清除色块，校正曝光不足或曝光过度，全面提高图像的质量。

9.3.1 高反差

高反差效果用于调整位图输出颜色的浓度，可以通过从最暗区域到最亮区域重新分布颜色的浓淡来调整阴影区域、中间区域和高光区域。它通过调整图像的亮度、对比度和强度，使高光区域和阴影区域的细节不被丢失；也可通过定义色调范围的起始点和结束点，在整个色调范围内重新分布像素值。

导入一张位图，在菜单栏中选择【效果】|【调整】|【高反差】命令，弹出【高反差】对话框，如图 9-36 所示。

【高反差】对话框中各个选项的功能如下。

● 【显示预览窗口】按钮▣：可直观地观察图像调整前后的效果变化，如图 9-37 所示。
● 【隐藏预览窗口】按钮▣：此时窗口只显示图像调整后的最终效果，如图 9-38 所示。
● 【黑色吸管工具】按钮✍：单击此按钮，移动鼠标指针到图像上单击，可设置图像的暗调。
● 【白色吸管工具】按钮✍：单击此按钮，移动鼠标指针到图像上单击，可设置图像的亮调。
● 【滴管取样】选项组：可设置滴管工具的取样类别。
  ◆ 【设置输入值】单选按钮：设置最小值和最大值，颜色将在这个范围内重新分布。
  ◆ 【设置输出值】单选按钮：为【输出范围压缩】设置最小值和最大值。

- 【自动调整】复选框：在色阶范围自动分布像素值。
- 【选项】按钮：单击该按钮，弹出【自动调整范围】对话框，如图 9-39 所示，在该对话框中可以设置自动调整的色阶范围。

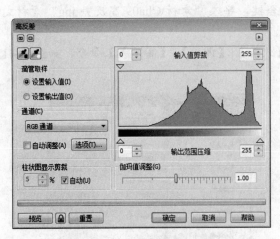

图 9-36　【高反差】对话框

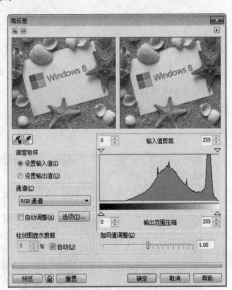

图 9-37　【显示预览窗口】效果

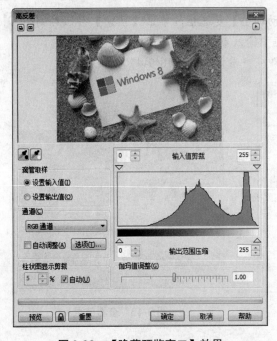

图 9-38　【隐藏预览窗口】效果

图 9-39　【自动调整范围】对话框

- 【柱状图显示剪裁】选项组：用于设置色调柱形图的显示。
- 【输入值剪裁】微调框：左边的微调框用于设置图像的最暗处，右侧的微调框用于设置图像的最亮处。

- 【伽玛值调整】滑标：拖动滑块或者在文本框中输入数值，可以调整视图中的图像细节。

【实例 9-5】调整图像明暗

下面通过实例来讲解如何调整图像明暗，具体操作步骤如下。

(1) 新建一个空白文档，按 Ctrl+I 组合键，导入"素材\Cha09\高反差.jpg"素材文件，如图 9-40 所示。

(2) 选择素材文件，在菜单栏中选择【效果】|【调整】|【高反差】命令，如图 9-41 所示。

图 9-40 导入素材文件

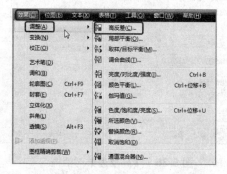

图 9-41 选择【高反差】命令

(3) 弹出【高反差】对话框，选中【自动调整】复选框，单击【预览】按钮右侧的 (锁定)按钮，在【输入值剪裁】右侧的微调框中输入参数 220，如图 9-42 所示。

(4) 设置完成后，单击【确定】按钮，即可查看效果，如图 9-43 所示。

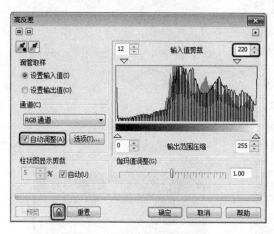

图 9-42 设置【高反差】参数

图 9-43 查看效果

9.3.2 局部平衡

【局部平衡】命令用于对图像中各个局部区域内的色阶进行平衡处理。选择【局部平衡】命令后，系统会自动对所设置区域的色阶进行统一的处理。

导入一张位图，在菜单栏中选择【效果】|【调整】|【局部平衡】命令，弹出【局部平衡】对话框，如图 9-44 所示。

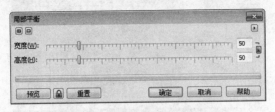

图 9-44　弹出【局部平衡】对话框

【局部平衡】对话框中各个选项的功能如下。

● 【宽度】滑块：设置像素局部区域的宽度值。

● 【高度】滑块：设置像素局部区域的高度值。

● 【宽度】和【高度】右侧的 (锁定)按钮：可以将【宽度】和【高度】值锁定，这时可同时调整两个选项的数值。

【实例 9-6】调整位图的局部平衡

下面通过实例来讲解如何调整位图的局部平衡。

(1) 新建一个空白文档，按 Ctrl+I 组合键，导入 "素材\Cha09\局部平衡.jpg" 素材文件，如图 9-45 所示。

(2) 选择素材图片，在菜单栏中选择【效果】|【调整】|【局部平衡】命令，如图 9-46 所示。

图 9-45　导入素材文件

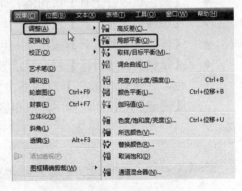

图 9-46　选择【局部平衡】命令

(3) 弹出【局部平衡】对话框，将【宽度】和【高度】都设置为 200，如图 9-47 所示。

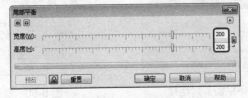

图 9-47　设置【局部平衡】参数

(4) 单击【确定】按钮，查看效果，如图 9-48 所示。

图 9-48　查看效果

9.3.3　取样/目标平衡

取样/目标平衡用于从图像选取色样来调整位图中的颜色值，可以从图像的暗色调、中间色调以及浅色部分选取色样，并将目标颜色应用于每个色样中。

导入一张位图，在菜单栏中选择【效果】|【调整】|【取样/目标平衡】命令，弹出【样本/目标平衡】对话框，如图 9-49 所示。

【样本/目标平衡】对话框中各个选项的功能如下。

- 【通道】下拉列表框：用于显示当前图像文件的色彩模式，并可从中选取单色通道，对单一的色彩进行调整。
- 【暗色调吸管工具】按钮：可吸取位图的暗部颜色。
- 【中间调吸管工具】按钮：可吸取位图的中间色。
- 【浅色调吸管工具】按钮：可吸取位图的亮部颜色。
- 【示例】和【目标】栏：显示吸取的颜色，如图 9-50 所示。双击【目标】下的颜色，在【选择颜色】对话框中更改颜色，然后单击【预览】按钮进行查看，在【通道】下拉列表框中选取相应的通道进行设置。

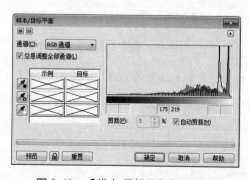

图 9-49　【样本/目标平衡】对话框

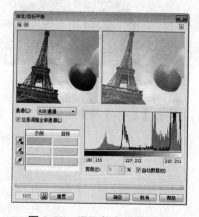

图 9-50　吸取颜色后的效果

【实例9-7】通过取样调整图片颜色

下面通过实例来讲解如何通过取样调整图片颜色，其具体操作步骤如下。

(1) 新建一个空白文档，按 Ctrl+I 组合键，导入"素材\Cha09\取样图片.jpg"素材文件，如图 9-51 所示。

(2) 选择素材图片，在菜单栏中选择【效果】|【调整】|【取样/目标平衡】命令，如图 9-52 所示。

图 9-51　导入素材文件

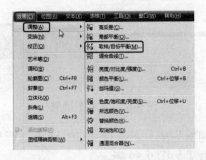

图 9-52　选择【取样/目标平衡】命令

(3) 弹出【样本/目标平衡】对话框，并在其中选择滴管，移动鼠标指针到画面中吸取样本，同时在对话框中就会显示该样本与目标颜色，可根据自己的喜好进行设置，如图 9-53 所示。

(4) 设置完成后单击【确定】按钮，效果如图 9-54 所示。

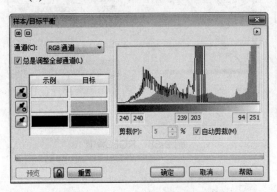

图 9-53　【样本/目标平衡】对话框

图 9-54　查看效果

9.3.4　调合曲线

【调合曲线】通过改变图像中的单个像素值来精确校正位图颜色，通过【活动通道】下拉列表框中的【红】、【绿】、【兰】通道，精确地修改图像局部的颜色。

选中位图，在菜单栏中选择【效果】|【调整】|【调合曲线】命令，弹出【调合曲线】对话框。在【活动通道】下拉列表框中分别选择【红】、【绿】、【兰】通道进行曲线调整，在预览窗口进行查看对比，如图 9-55～图 9-57 所示。

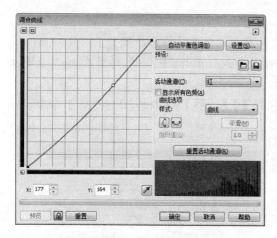

图 9-55 【红】通道

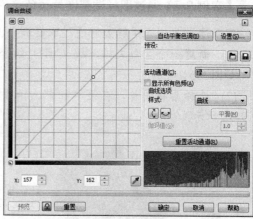

图 9-56 【绿】通道

调整完成后，选择 RGB 通道进行整体曲线调整，如图 9-58 所示。单击【确定】按钮，效果如图 9-59 所示。

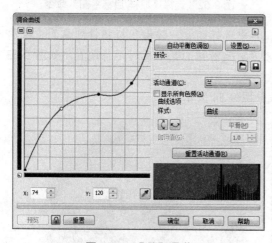

图 9-57 【兰】通道

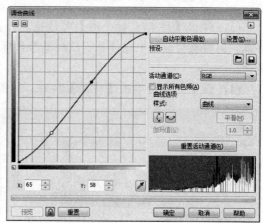

图 9-58 RGB 通道

图 9-59 改变完成后的效果

【实例 9-8】通过调整曲线来改变图片颜色

下面将讲解如何通过调整曲线来改变图片颜色。

(1) 新建一个空白文档，按 Ctrl+I 组合键，导入"素材\Cha09\客厅.jpg"素材文件，如图 9-60 所示。

(2) 选择素材图片，在菜单栏中选择【效果】|【调整】|【调合曲线】命令，弹出【调合曲线】对话框，将【活动通道】设置为【红】，调整曲线的位置，如图 9-61 所示。

图 9-60 打开素材文件

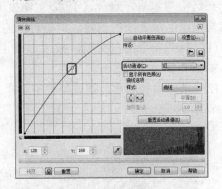

图 9-61 调整曲线

(3) 将【活动通道】设置为【绿】，调整曲线的位置，如图 9-62 所示。

(4) 将【活动通道】设置为【兰】，调整曲线的位置，如图 9-63 所示。

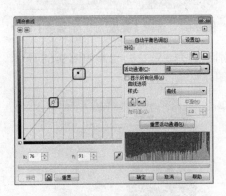

图 9-62 调整曲线

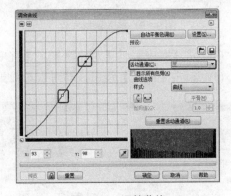

图 9-63 调整曲线

(5) 将【活动通道】设置为 RGB，调整曲线，如图 9-64 所示。

(6) 设置完成后，单击【确定】按钮即可，效果如图 9-65 所示。

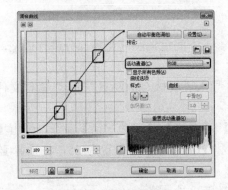

图 9-64 调整曲线

图 9-65 设置完成后的效果

9.3.5 亮度/对比度/强度

在选中对象后，选择【亮度/对比度/强度】命令，可以调整所有颜色的亮度以及明亮区域与暗色区域之间的差异。调整对象的【亮度/对比度/强度】的操作方法如下。

(1) 新建一个空白文档，按 Ctrl+I 组合键，导入"素材\Cha09\紫色鲜花.jpg"素材文件，如图 9-66 所示。

(2) 选择素材图片，在菜单栏中选择【效果】|【调整】|【亮度/对比度/强度】命令，如图 9-67 所示。

图 9-66　导入素材文件

图 9-67　选择【亮度/对比度/强度】命令

(3) 将【亮度】、【对比度】、【强度】分别设置为 15、10、2，如图 9-68 所示。

(4) 单击【确定】按钮，即可查看效果，如图 9-69 所示。

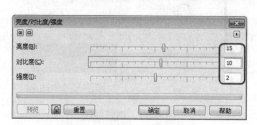

图 9-68　设置亮度/对比度/强度

图 9-69　查看效果

9.3.6 颜色平衡

选择【颜色平衡】命令，可以对图像中的阴影、中间色调和高光等部分进行调整，以使图像的颜色达到平衡。

(1) 新建一个空白文档，按 Ctrl+I 组合键，导入"素材\Cha09\贝壳.jpg"素材文件，如图 9-70 所示。

(2) 选择素材图片，在菜单栏中选择【效果】|【调整】|【颜色平衡】命令，弹出【颜色平衡】对话框，将【颜色通道】栏的【青-红】和【品红-绿】都设置为 35，将【黄-蓝】设置为 60，如图 9-71 所示。

(3) 单击【确定】按钮，即可查看效果，如图 9-72 所示。

【颜色平衡】对话框中各个选项的功能如下。

- 【范围】选项组：其中包括【阴影】、【中间色调】、【高光】、【保持亮度】4 个复选框。分别选中这些复选框后，可以使【颜色通道】选项组中设置的参数用于选中的范围。

图 9-70　导入素材文件　　图 9-71　设置【颜色平衡】参数　　图 9-72　查看效果

- 【青-红】：拖动滑块或者在文本框中输入数值，可以调整图像中青色和红色的平衡。
- 【品红-绿】：拖动滑块或者在文本框中输入数值，可以调整图像中品红色和绿色的平衡。
- 【黄-蓝】：拖动滑块或者在文本框中输入数值，可以调整图像中黄色和蓝色的平衡。

9.3.7　伽玛值

执行【伽玛值】命令，可在较低对比度区域中强化细节而不会影响阴影或高光。

(1) 新建一个空白文档，按 Ctrl+I 组合键，导入"素材\Cha09\唯美.jpg"素材文件，如图 9-73 所示。

(2) 选择素材图片，在菜单栏中选择【效果】|【调整】|【伽玛值】命令，弹出【伽玛值】对话框，将【伽玛值】的参数设置为 1.70，如图 9-74 所示。

(3) 设置完成后，单击【确定】按钮，效果如图 9-75 所示。

 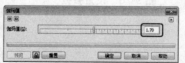  

图 9-73　导入素材文件　　图 9-74　设置【伽玛值】参数　　图 9-75　查看效果

9.3.8　色度/饱和度/亮度

选择【色度/饱和度/亮度】命令，可以对图像中的色度、饱和度和明亮程度进行调整。

导入一张位图，在菜单栏中选择【效果】|【调整】|【色度/饱和度/亮度】命令，弹出【色度/饱和度/亮度】对话框，如图 9-76 所示。

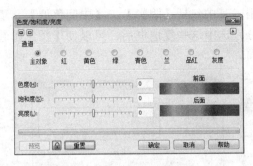

图 9-76　【色度/饱和度/亮度】对话框

【色度/饱和度/亮度】对话框中各个选项的功能如下。

● 　【通道】选项组：此选项组用于选择图像中要调整的颜色范围。

● 　【色度】：拖动滑块或输入数值，可以调整红、黄、绿、蓝和品红等颜色。

● 　【饱和度】：拖动滑块或输入数值，可以增强或减弱颜色的饱和度。

● 　【亮度】：拖动滑块或输入数值，可以调整图像颜色的明亮程度。

【实例 9-9】调整图像的色度/饱和度/亮度

下面通过实例来讲解如何调整图像的色度/饱和度/亮度，具体操作步骤如下。

(1)　新建一个空白文档，按 Ctrl+I 组合键，导入 "素材\Cha09\唯美 2.jpg" 素材文件，如图 9-77 所示。

(2)　选择素材图片，在菜单栏中选择【效果】|【调整】|【色度/饱和度/亮度】命令，弹出【色度/饱和度/亮度】对话框，将【色度】、【饱和度】、【亮度】分别设置为 20、10、5，如图 9-78 所示。

(3)　单击【确定】按钮，查看效果，如图 9-79 所示。

图 9-77　导入素材文件

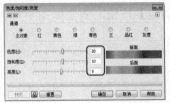

图 9-78　设置参数

图 9-79　查看效果

9.3.9　所选颜色

选择【所选颜色】命令，可以允许用户通过改变图像中红、黄、绿、蓝和品红颜色的色谱和 CMYK 印刷色百分比来更改颜色。

(1)　导入 "素材\Cha09\所选颜色.jpg" 素材文件，如图 9-80 所示。

(2)　选择素材图片，在菜单栏中选择【效果】|【调整】|【所选颜色】命令，弹出【所选颜色】对话框，将【品红】、【黄】、【黑】分别设置为 40、50、-60，如图 9-81 所示。

(3)　单击【确定】按钮，效果如图 9-82 所示。

图 9-80　导入素材文件

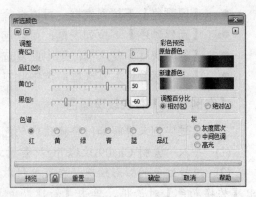

图 9-81　设置【所选颜色】参数

图 9-82　查看效果

9.3.10　替换颜色

选择【替换颜色】命令,可以对图像中的颜色进行替换。在替换的过程中,不仅可以对颜色的色度、饱和度和亮度等进行控制,而且可以对替换的范围进行灵活控制。

导入一张位图,在菜单栏中选择【效果】|【调整】|【替换颜色】命令,弹出【替换颜色】对话框,如图 9-83 所示。

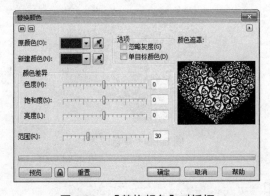

图 9-83　【替换颜色】对话框

【替换颜色】对话框中选项的功能如下。

- 【原颜色】下拉列表框：可以选择原图像中的颜色。
- 【新建颜色】下拉列表框：可以选择用来替换的颜色。
- 【忽略灰度】复选框：选中此复选框，将忽略图像中的灰度色阶不计。
- 【单目标颜色】复选框：选中此复选框将只显示替换的颜色。

【实例 9-10】替换玫瑰颜色

下面通过实例来讲解如何替换玫瑰颜色，其具体操作方法如下。

(1) 导入"素材\Cha09\玫瑰.jpg"素材文件，如图 9-84 所示。

(2) 选择红色的心形玫瑰，在菜单栏中选择【效果】|【调整】|【替换颜色】命令，弹出【替换颜色】对话框，单击【新建颜色】右侧的■按钮，拾取如图 9-85 所示对象的颜色。

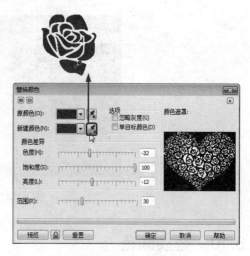

图 9-84　导入素材文件　　　　　　　　图 9-85　拾取颜色

(3) 单击【确定】按钮，效果如图 9-86 所示。

图 9-86　查看效果

9.3.11　取消饱和

选择【取消饱和】命令，可以将位图中每种颜色的饱和度降到零。

导入"素材\Cha09\饱和图片.jpg"素材文件，在菜单栏中选择【效果】|【调整】|【取消饱和】命令，图像的前后效果对比如图 9-87 所示。

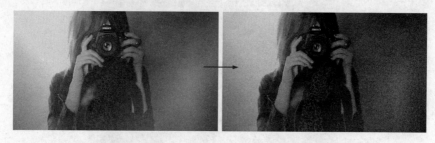

图 9-87　选择【取消饱和】命令的图像效果对比

9.3.12　通道混合器

【通道混合器】命令用于混合色频通道，以平衡位图的颜色。这是一种更为高级的调整色彩平衡工具。

(1)　导入"素材\Cha09\狐狸.jpg"素材文件，如图 9-88 所示。

图 9-88　导入素材文件

(2)　在菜单栏中选择【效果】|【调整】|【通道混合器】命令，弹出【通道混合器】对话框，将【输入通道】选项组中的【红】、【绿】、【兰】分别设置为 50、-50、100，如图 9-89 所示。

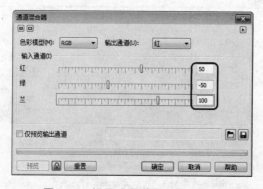

图 9-89　设置【通道混合器】参数

(3) 设置完成后，单击【确定】按钮，效果如图 9-90 所示。

图 9-90　查看效果

9.4　位图颜色变换与校正

CorelDRAW X6 允许将颜色和色调变换同时应用于位图图像，用户可以变换对象的颜色和色调以产生各种特殊的效果，如可以创建类似于摄影负片效果的图像或合并图像外观。

9.4.1　去交错

【去交错】命令用于从扫描或隔行显示的图像中删除线条。

选中位图，在菜单栏中选择【效果】|【变换】|【去交错】命令，弹出【去交错】对话框，在【扫描线】选项组中选择样式【偶数行】、【奇数行】，然后选择相应的【替换方法】，在预览图中查看效果，单击【确定】按钮，完成调整，如图 9-91 所示。

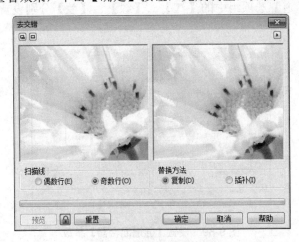

图 9-91　调整后的效果

9.4.2　反显

【反显】命令可以反显图像的颜色。反显图像会形成摄影负片的外观。选中位图,然后在菜单栏中选择【效果】|【变换】|【反显】命令,即可变换图像的颜色和色调,如图 9-92 所示。

图 9-92　反显后的效果

9.4.3　极色化

【极色化】命令用于减少位图中色调值的数量,减少颜色层次产生大面积缺乏层次感的颜色。

选中位图,在菜单栏中选择【效果】|【变换】|【极色化】命令,弹出【极色化】对话框,在【层次】栏拖动滑块或在文本框中输入数值,可调整颜色的层次,在预览效果图中查看效果。最后单击【确定】按钮,完成调整,如图 9-93 所示。

图 9-93　极色化

9.4.4　尘埃与刮痕

执行【尘埃与刮痕】命令,可以通过更改图像中相异像素的差异来减少杂色。

选中位图,在菜单栏中选择【效果】|【变换】|【尘埃与刮痕】命令,弹出【尘埃与刮痕】对话框,根据个人情况,对其进行设置,然后在预览效果图中查看效果,如图 9-94 所示。单击【确定】按钮,即可完成调整。

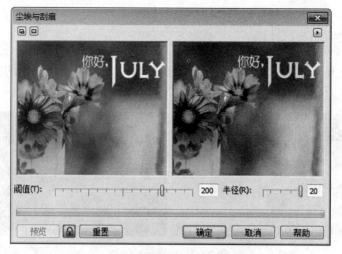

图 9-94 【尘埃与刮痕】对话框

9.5 位 图 处 理

本节将讲解如何处理位图，其中包括位图颜色遮罩、转换位图颜色模式、描摹位图。

9.5.1 位图颜色遮罩

【位图颜色遮罩】命令主要用于隐藏或显示位图中特定的颜色，从而对位图的色彩进行过滤。

在菜单栏中选择【位图】|【位图颜色遮罩】命令，即可弹出【位图颜色遮罩】泊坞窗，如图 9-95 所示。用户可以在泊坞窗中设置要显示或隐藏的颜色，也可以保存或打开已保存的设置。

提示：在【位图颜色遮罩】泊坞窗中，【容限】级越高，所选颜色周围的颜色范围越广。

【实例 9-11】制作花卉美女剪影

下面通过【位图颜色遮罩】泊坞窗制作花卉美女剪影，其具体操作步骤如下。

(1) 导入"素材\Cha09\花卉美女剪影.jpg"素材文件，如图 9-96 所示。

(2) 在菜单栏中选择【位图】|【位图颜色遮罩】命令，选中【隐藏颜色】单选按钮。选择颜色列表中的第一

图 9-95 【位图颜色遮罩】泊坞窗

个色块，然后单击【颜色选择】按钮，待鼠标指针变成吸管形状时单击图像中要隐藏的颜色。可以发现，颜色列表中被选择的色块变成了与图像单击部位相同的颜色。选择泊坞窗中要隐藏颜色对应色块前的复选框，然后调节【容限】滑块设置颜色容限，在这里将颜

色容限设置为 54，如图 9-97 所示。

(3) 设置完成后单击【应用】按钮，即可将图像中被选择的颜色隐藏，效果如图 9-98 所示。

图 9-96　导入素材文件

图 9-97　设置【容限】　　　　　　　　　　图 9-98　隐藏颜色效果

9.5.2　转换位图颜色模式

【模式】菜单用于更改位图的色彩模式，不同的颜色模式下，色彩的表现方式能够表现的丰富程度都有所不同，从而可以满足不同应用的需要。

【模式】菜单中包含了【黑白】、【灰度】、【双色】、【调色板】、【RGB 颜色】、【Lab 颜色】、【CMYK 颜色】多个菜单项，下面分别对其进行介绍。

提示：当转换图像色彩模式时，会造成颜色信息不可逆转的丢失。因此，应该先保存编辑好的图像，再将其更改为不同的颜色模式。

1. 黑白(1 位)

位图的黑白模式与灰度模式不同，应用黑白模式后，图像只显示为黑白色。这种模式可以清楚地显示位图的线条和轮廓图，适用于艺术线条和一些简单的图形。

选择要转换的图像，然后在菜单栏中选择【位图】|【模式】|【黑白】命令，即可弹出【转换为1位】对话框，如图9-99所示。用户可以在【转换方法】下拉列表框中选择所需的色彩转换方法，然后在【选项】栏中设置转换时的强度等选项。单击对话框左下角的【预览】按钮，即可在预览窗口中对转换前后的效果进行对比，设置完成后单击【确定】按钮，即可将位图转换为黑白色彩，效果如图9-100所示。

图9-99　【转换为1位】对话框

图9-100　转换后的效果

2. 灰度(8位)

灰度色彩模式使用亮度(L)来定义颜色，颜色值的定义范围为 0～255。灰度模式是没有彩色信息的。

选择要转换的图像，然后在菜单栏中选择【位图】|【模式】|【灰度】命令，即可将图像转换为【灰度】色彩模式，如图9-101所示。

3. 双色(8位)

双色模式包括单色调、双色调、三色调和四色调 4 种类型，可以使用 1～4 种色调构建图像色彩。使用双色模式可以为图像构建统一的色调效果。

【类型】下拉列表中 4 个可选项的意义。

- 单色调：用单一色调上色的灰度图像。
- 双色调：用两种色调上色的灰度图像。一种是黑色，另一种是彩色。
- 三色调：用 3 种色调上色的灰度图像。一种是黑色，另两种是彩色。
- 四色调：用 4 种色调上色的灰度图像。一种是黑，另三种是彩色。

选择要转换的图像，在菜单栏中选择【位图】|【模式】|【双色】命令，弹出【双色调】对话框，如图 9-102 所示。用户可以在【类型】下拉列表框中选择一种色调类型，在色彩列表中选择某一色调，再在右侧的网格中按住左键拖曳调整色调曲线，从而控制添加到图像中的色调的强度。

除此之外，单击对话框中的【空】按钮，可以将曲线恢复到默认值；单击【保存】按钮，可保存已调整的曲线；单击【装入】按钮，可导入保存的曲线。用户也可以单击【叠印】标签，然后在【叠印】选项卡中指定打印图像时要叠印的颜色，如图 9-103 所示。按照如图 9-104 所示的设置转换为【双色调】后的图像效果如图 9-105 所示。

图 9-101　转换为【灰度】模式后的效果

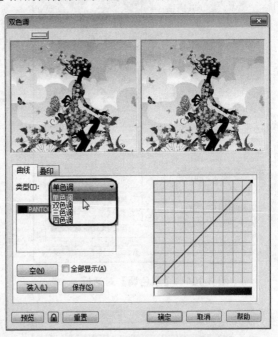

图 9-102　【双色调】对话框

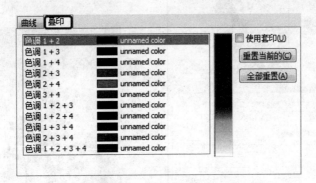

图 9-103　单击【叠印】标签

4. 调色板(8 位)

　　【调色板】模式用于将图像转换为调色板类型的色彩模式。【调色板】色彩模式也称为【索引】色彩模式，其将色彩分为 256 种不同的颜色值，并将这些颜色值存储在调色板中。将图像转换为【调色板】色彩模式时，会给每个像素分配一个固定的颜色值，因此，该颜色模式的图像在色彩逼真度较高的情况下保持了较小的文件体积，比较适合在屏幕上使用。

　　选择要转换的图像，在菜单栏中选择【位图】|【模式】|【调色板】命令，弹出【转换至调色板色】对话框。可以在对话框中设置图像的平滑度，选择要使用的调色板，以及选

择递色处理的方式和抵色强度，如图 9-106 所示，调整完成后的效果如图 9-107 所示。

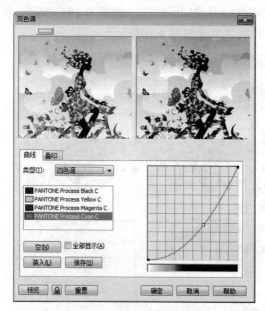

图 9-104　【双色调】对话框

图 9-105　转换为【双色调】后的效果

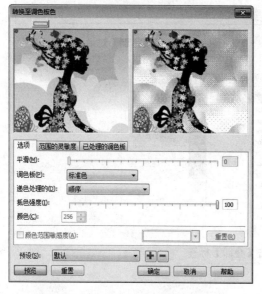

图 9-106　【转换至调色板色】对话框

图 9-107　转换为调色板色的效果

提示：使用递色处理，可以增加图像中的颜色信息。其通过将一种彩色像素与另一种彩色像素关联，从而创建出调色板上不存在的附加颜色。

　　除此之外，也可以选择【范围的灵敏度】选项卡，在该选项卡中可以指定范围灵敏度颜色，如图 9-108 所示。选择【已处理的调色板】选项卡，在该选项卡中可以查看和编辑调色板，如图 9-109 所示。

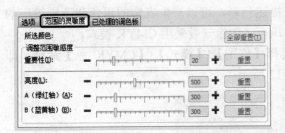

图 9-108　选择【范围的灵敏度】选项卡

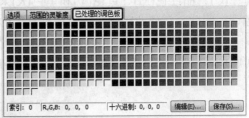

图 9-109　选择【已处理的调色板】选项卡

5. RGB 颜色(24 位)

RGB 色彩模式中的 R、G、B 分别代表红色、绿色和蓝色的相应值，3 种色彩叠加形成了其他的色彩，也就是真彩色。RGB 颜色模式的数值设置范围为 0～255。在 RGB 颜色模式中，当 R、G、B 值均为 255 时，显示为白色；当 R、G、B 值均为 0 时，显示为纯黑色，因此也称之为加色模式。RGB 颜色模式的图像应用于电视、网络、幻灯和多媒体领域。

选择要转换的图像，在菜单栏中选择【位图】|【模式】|【RGB 颜色】命令，即可将图像转换为 RGB 色彩模式，如图 9-110 所示。

6. Lab 颜色(24 位)

【Lab 颜色】模式可以将图像转换为 Lab 类型的色彩模式。Lab 颜色模式使用 L(亮度)、a(绿色到红色)、b(蓝色到黄色)来描述图像，是一种与设备无关的色彩模式。无论使用何种设备创建或输出图像，这种模式都能生成一致的颜色。

选择要转换的图像，在菜单栏中选择【位图】|【模式】|【Lab 色】命令，即可将图像转换为 Lab 色彩模式，如图 9-111 所示。

图 9-110　转换为【RGB 颜色】模式效果

图 9-111　转换为【Lab 颜色】模式效果

7. CMYK 颜色(32 位)

【CMYK 颜色】模式可将图像转换为 CMYK 类型的色彩模式。CMYK 色彩模式使用青色(C)、品红色(M)、黄色(Y)和黑色(K)来描述色彩，可以产生真实的黑色和范围很广的色调。因此，在商业印刷等需要精确打印的场合，图像一般采用 CMYK 模式。

选择要转换的图像，然后在菜单栏中选择【位图】|【模式】|【CMYK 色】命令，即可将图像转换为 CMYK 颜色模式，如图 9-112 所示。

图 9-112　转换为【CMYK 颜色】模式效果

9.5.3　描摹位图

CorelDRAW 中除了具备矢量图转位图的功能外，同时还具备了位图转矢量图的功能。通过描摹位图功能，可将位图转换为矢量图。用户在转换时，也可以选择线条图、徽标、剪贴画、低品质图像、高品质图像等预设图像类型，不同的图像类型转换时的细节处理也不同，从而可以创建不同的转换效果。

1. 快速描摹

使用【快速描摹】命令，可以一步完成位图转换为矢量的操作。选择需要转换的位图图像，然后在菜单栏中选择【位图】|【快速描摹】命令，即可将位图转换为矢量图，如图 9-113 所示。

转换前　　　　　　　　转换后

图 9-113　转换前后的图像效果

2. 线条图

在菜单栏中选择【位图】|【轮廓描摹】|【线条图】命令，弹出 PowerTRACE 对话框，用户可以在该对话框中预览转换前后的图像效果，也可以设置转换时的平滑度、细节、拐角平滑度、颜色模式以及其他相关设置，如图 9-114 所示。

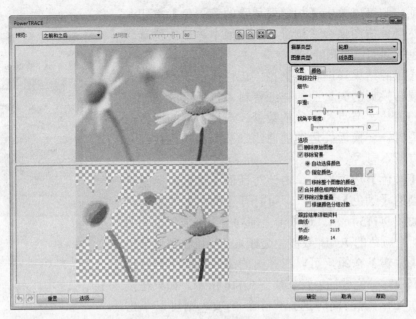

图 9-114　PowerTRACE 对话框

下面简单介绍 PowerTRACE 对话框中各个设置项的功能和用法。

- 【预览】下拉列表框：在该下拉列表框中选择一种预览模式。用户可以选择【之前和之后】同时预览转换前后的图像，也可以选择【较大预览】只预览转换后的图像，选择【线框叠加】则只预览转换后矢量图的轮廓。
- 【放大】按钮 ：单击该按钮，在预览窗口中单击即可放大图像。
- 【缩小】按钮 ：单击该按钮，在预览窗口中单击即可缩小图像。
- 【按窗口大小显示】按钮 ：单击该按钮，可以缩放图像，使其刚好适合预览窗口的大小。
- 【平移】按钮 ：单击该按钮，可以使鼠标指针变成手形，从而可在预览窗口中按住左键移动对象。
- 【撤销】按钮 ：单击该按钮，可以撤销上一步操作。
- 【重做】按钮 ：单击该按钮，可以重做最后撤销的操作。
- 【重置】按钮：单击该按钮，可以将调整后的图像重置为调整前的原始值。
- 【图像类型】：该下拉列表框用于选择转换的图像类型，其作用与在【描摹位图】子菜单中选择不同图像类型对应的菜单项相同。
- 【细节】：该滑块用于调节图像的细节处理精度，越向右调节，则图像细节部分刻画越精细。
- 【平滑】：该滑块用于调节图像的平滑程度。通过对图像进行平滑处理，可以使色彩过渡更加自然。
- 【删除原始图像】：选择该选项，在转换后删除原有的位图图像。
- 【移除背景】：选择该选项，可以将转换后矢量图的背景移除。如果同时选择【自动选择颜色】选项，则自动选择要移除的背景；如果选择【指定颜色】选项，则可以单击【指定要移除的背景色】按钮，然后单击图像合适位置，将图像中与单击位置颜色相同的色彩删除。

- 【跟踪结果详细资料】栏：该栏显示了按当前设置转换后的矢量图的详细资料，包括组成矢量图的曲线、节点和颜色的数量。选择不同的图像类型时，转换后矢量图的曲线、节点和颜色数都会有所不同。

- 【颜色】选项卡：单击该对话框【设置】标签右侧的【颜色】标签，即可打开【颜色】选项卡，如图 9-115 所示。选项卡上部列出了组成矢量图的所有颜色的 RGB 数值。选择某个颜色，然后单击【编辑】按钮，可以在弹出的【选择颜色】对话框中对颜色进行编辑，如图 9-116 所示。如果在按住 Ctrl 键的同时选择多个颜色项，则可以单击

【合并】按钮将所选的颜色进行合并。除此之外，用户还可以在【颜色】选项卡中选择矢量图应用的颜色模式和最大颜色数。

【颜色模式】下拉列表框：该列表框用于选择转换后矢量图使用的颜色模式。选择某种颜色模式后，即可在下方的【颜色数】微调框中选择图像可用的最大颜色数量。

设置完成后，单击对话框中的【确定】按钮，即可将位图转换为线条图类型的矢量图。转换后的矢量图如图 9-117 所示。

图 9-116 【选择颜色】对话框

图 9-117 转换后的矢量图效果

图 9-115 选择【颜色】选项卡

3. 徽标

在菜单栏中选择【位图】|【轮廓描摹】|【徽标】命令，弹出 PowerTRACE 对话框，如图 9-118 所示。在其中可以根据需要对各项进行设置，设置完成后单击【确定】按钮，即可将位图转换为徽标类型的矢量图，转换后的效果如图 9-119 所示。

图 9-118 PowerTRACE 对话框

图 9-119 转换为矢量图后的效果

4. 徽标细节

在菜单栏中选择【位图】|【轮廓描摹】|【徽标细节】命令，弹出 PowerTRACE 对话框，如图 9-120 所示。在其中可以根据需要对其参数进行设置，设置完成后单击【确定】按钮，即可将位图转换为徽标细节类型的矢量图，转换后的效果如图 9-121 所示。

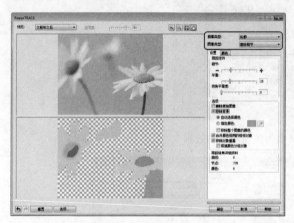

图 9-120 PowerTRACE 对话框

图 9-121 转换为矢量图后的效果

5. 剪贴画

在菜单栏中选择【位图】|【轮廓描摹】|【剪贴画】命令，弹出 PowerTRACE 对话框，如图 9-122 所示。在其中可以根据需要对其参数进行设置，设置完成后单击【确定】按钮，即可将位图转换为剪贴画类型的矢量图，转换后的效果如图 9-123 所示。

6. 低质量图像

【低质量图像】模式适用于将位图转换为图像质量较低的矢量图。

在菜单栏中选择【位图】|【轮廓描摹】|【低质量图像】命令，弹出 PowerTRACE 对话框，如图 9-124 所示。在其中可以根据需要设置其参数，设置完成后单击【确定】按

钮，即可将位图转换为低质量图像类型的矢量图，转换后的矢量图效果如图 9-125 所示。

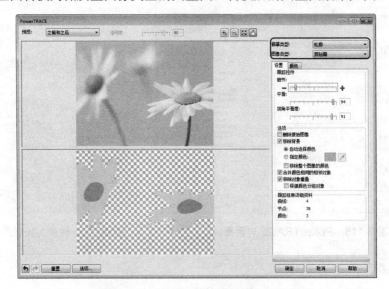

图 9-122　弹出 PowerTRACE 对话框

图 9-123　转换为矢量图后的效果

图 9-124　PowerTRACE 对话框

图 9-125　转换为矢量图后的效果

7. 高质量图像

【高质量图像】模式适用于将位图转换为图像质量较高的矢量图。

在菜单栏中选择【位图】|【轮廓描摹】|【高质量图像】命令，弹出 PowerTRACE 对话框，如图 9-126 所示。在其中可以根据需要设置其参数，设置完成后单击【确定】按钮，即可将位图转换为高质量图像类型的矢量图，转换后的矢量图效果如图 9-127 所示。

图 9-126　PowerTRACE 对话框

图 9-127　转换为矢量图后的效果

9.6 小型案例实训

下面通过制作足球赛事海报和服装海报来巩固本章所学习的知识。

9.6.1 制作足球赛事海报

本例将讲解如何制作足球赛事海报，完成后的效果如图 9-128 所示。

图 9-128 足球赛事海报

(1) 启动软件后新建文档。在【创建新文档】对话框中，将【宽度】设置 180mm，【高度】设置为 130mm，【渲染分辨率】设置为 300dpi，然后单击【确定】按钮。在工具箱中单击【矩形工具】按钮 □，创建一个与绘图页同样大小的矩形，如图 9-129 所示。

(2) 选中矩形并按 F11 键，弹出【渐变填充】对话框，将【从】的 CMYK 值设置为 100、82、0、0。在【选项】栏中，将【角度】设置为-90.0°，如图 9-130 所示。

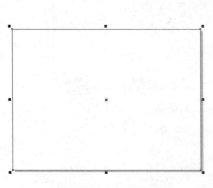

图 9-129 创建矩形

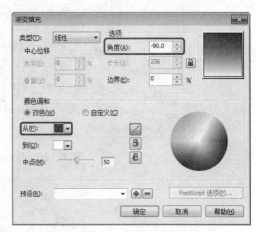

图 9-130 设置渐变颜色

(3) 单击【确定】按钮，对矩形填充渐变颜色，如图 9-131 所示。

(4) 将矩形对象锁定。按 Ctrl+I 组合键，打开【导入】对话框，选择"素材\Cha09\足球场.png"素材图片，单击【导入】按钮，如图 9-132 所示。

图 9-131 填充渐变颜色

图 9-132 选择素材图片

(5) 在绘图页中按下鼠标左键并拖动鼠标，绘制插入区域，如图 9-133 所示。

(6) 插入图片后调整其大小及位置，如图 9-134 所示。

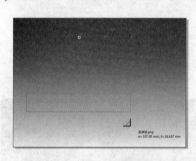

图 9-133 绘制插入区域

图 9-134 调整素材图片

(7) 使用相同的方法，导入"素材\Cha09\球员.png"素材图片，在属性栏中将图片宽度和高度的【缩放因子】都设置为 26.0%，然后调整图片的位置，如图 9-135 所示。

(8) 选中导入的人物素材图片，按小键盘上的+键对其进行复制。单击属性栏中的【水平镜像】按钮 ，然后调整复制图片的位置，如图 9-136 所示。

图 9-135 导入素材图片

图 9-136 调整图片位置

(9) 使用相同的方法，导入"素材\Cha09\足球.png"素材图片，在属性栏中将图片宽度和高度的【缩放因子】都设置为 105.0%，然后调整图片的位置，如图 9-137 所示。

(10) 在工具箱中单击【文本工具】按钮 字，在绘图页中输入文本，将【字体】设置为【方正综艺简体】，【字体大小】设置为 72pt，然后在【调色板】中单击白色，为其填充颜色。按 Ctrl+F8 组合键，将其转换为美术字，如图 9-138 所示。

图 9-137　导入素材图片

图 9-138　输入文字

(11) 选中文本并按 F12 键，打开【轮廓笔】对话框，将【宽度】设置为 5.0mm，【角】设置为圆角，选中【填充之后】复选框，如图 9-139 所示。单击【确定】按钮后，文字效果如图 9-140 所示。

图 9-139　设置【轮廓笔】

图 9-140　设置轮廓后的文字效果

(12) 在工具箱中单击【交互式填充工具】按钮，在属性栏中选择【双色图样】选项，将填充类型设置为如图 9-141 所示的图案。

(13) 在属性栏中单击【编辑填充】按钮，将【前景颜色】和【背景颜色】分别设置为黑色和白色。在【变换】栏中，将【填充宽度】和【填充高度】都设置为 12.0mm，如图 9-142 所示。

(14) 单击【确定】按钮，在空白位置单击鼠标，完成文字图案填充，效果如图 9-143 所示。

(15) 在工具箱中单击【文本工具】按钮 字，在绘图页中输入文本，将【字体】设置为【微软雅黑】，【字体大小】分别设置为 14pt 和 24pt，然后在【调色板】中单击白色，为其填充颜色，如图 9-144 所示。

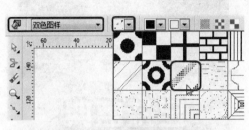

图 9-141　设置填充图案

图 9-142　设置填充参数

图 9-143　填充文字图案

图 9-144　输入文字

(16) 在工具箱中单击【贝塞尔工具】按钮 ，绘制如图 9-145 所示的梯形框。

(17) 在【调试板】中单击白色，鼠标右键单击 ⊠ 按钮，效果如图 9-146 所示。

图 9-145　绘制梯形框

图 9-146　填充颜色

(18) 在工具箱单击【形状工具】按钮 ，调整矩形节点的位置，如图 9-147 所示。

(19) 在工具箱单击【透明度】按钮 ，在属性栏中单击【渐变透明度】按钮 ，然后调整渐变透明度，如图 9-148 所示。

图 9-147　调整节点位置

图 9-148　设置渐变透明度

(20) 将场景文件进行保存即可。

9.6.2　制作服装海报

本例主要讲解如何制作服装海报，完成后的效果如图 9-149 所示。

图 9-149　服装海报

(1) 启动软件后，按 Ctrl+N 组合键，创建一个原色模式为 CMYK 的文档，并利用【矩形工具】绘制【宽】和【高】分别为 417mm 和 190mm 的矩形，如图 9-150 所示。

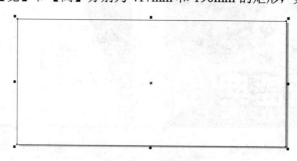

图 9-150　创建矩形

(2) 选择矩形，按 F11 键，弹出【渐变填充】对话框，将【类型】设置为【辐射】，将【中心位移】栏的【水平】和【垂直】分别设置为-5、20，将【从】的 CMYK 值设为 20、0、80、0，将【到】的 CMYK 值设为 0、0、0、0，单击【确定】按钮，如图 9-151

所示。

(3)　将【轮廓】设为无，填充渐变色后的效果如图 9-152 所示。

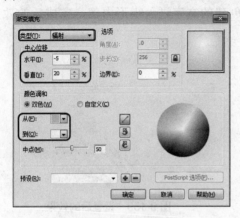

图 9-151　设置渐变色

图 9-152　填充渐变色

(4)　按 F8 键激活【文本工具】，在绘图页中输入"夏诱"，在属性栏中将【字体】设为【方正粗倩简体】，将【字体大小】设为 230pt，将渐变色【从】的 CMYK 值设为 83、53、100、19，【到】的 CMYK 值设为 53、0、94、0，完成后的效果如图 9-153 所示。

(5)　选择上一步创建的文字，按 Ctrl+Q 组合键，将其转换为曲线，然后利用【矩形工具】在其上面创建一个矩形，如图 9-154 所示。

图 9-153　输入文字　　　　　　　　　　　图 9-154　创建矩形

(6)　选择上一步创建的矩形和文字，在属性栏中单击【移除前面对象】按钮，完成后的效果如图 9-155 所示。

(7)　继续输入文字"七月夏季 衣事撩拨"，在属性栏中将【字体】设为【微软雅黑】，将【字体大小】设为 47pt，设置与上一步相同的渐变色，调整位置，完成后的效果如图 9-156 所示。

(8)　选择上面创建的所有文字，按 Ctrl+G 组合键，将其组合，并对其旋转 45°，完成后的效果如图 9-157 示。

图 9-155　进行裁剪　　　　图 9-156　输入文字　　　　图 9-157　进行旋转

(9) 选择组合的对象，调整对象的位置，如图 9-158 所示。

(10) 在该对象上单击鼠标右键，在弹出的快捷菜单中选择【PowerClip 内部】命令，此时鼠标指针变为黑色箭头。选择矩形，则创建的文字进入矩形内部，完成后的效果如图 9-159 所示。

图 9-158　进行调整

图 9-159　设置后的效果

(11) 按 Ctrl+I 组合键，弹出【导入】对话框，选择"素材\Cha09\衣服(1)和衣服(2).png"文件，单击【导入】按钮。返回到场景中按 Enter 键进行确认，如图 9-160 所示。

(12) 利用前面的方法对导入的素材文件执行【PowerClip 内部】命令，适当调整大小，完成后的效果如图 9-161 所示。

图 9-160　导入素材

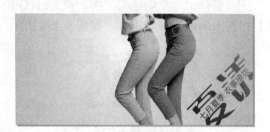

图 9-161　调整的效果

(13) 按 F8 键激活【文本工具】，绘图页中输入"2016 新品上架"，在属性栏中将【字体】设为【微软雅黑】，将【文字大小】设为 52pt，并将文字的【填充颜色】设为 100、0、100、40，按 Ctrl+F8 组合键转换为美术字，如图 9-162 所示。

(14) 选择"新品"文字，在属性栏中将【字体大小】设为 100pt，完成后的效果如图 9-163 所示。

图 9-162　创建文字

图 9-163　修改文字的大小

(15) 继续输入文字"盛夏必备七分裤"，在属性栏中将【字体】设为【微软雅黑】，将【字体大小】设为 45pt，字体颜色的 CMYK 值设为 71、31、98、11，如图 9-164 所示。

(16) 使用同样的方法输入其他文字，效果如图 9-165 所示。

图 9-164　输入文字

图 9-165　输入其他文字

(17) 按 F6 键激活【矩形工具】，绘制【宽】和【高】分别为 88mm 和 23mm 的矩形，将【圆角】的【转角半径】设为 10mm，并将其【填充颜色】和【轮廓】的 CMYK 值设为 66、4、0、0，如图 9-166 所示。

(18) 按 F8 键激活【文本工具】，输入"热销万件"，在属性栏中将【字体】设为【微软雅黑】，将【字体大小】设为 48pt，字体颜色的 CMYK 值设为 0、100、0、0，适当调整位置，如图 9-167 所示。

图 9-166　创建圆角矩形

图 9-167　输入文字

(19) 按 F7 键激活【椭圆形工具】，绘制椭圆形，在属性栏中将【宽】和【高】均设为 55mm，并将其【填充颜色】和【轮廓】的 CMYK 值设为 0、100、0、0，如图 9-168 所示。

(20) 按 F8 键激活【文本工具】，输入"秒杀价"，在属性栏中将【字体】设为【微软雅黑】，将【字体大小】设为 36pt，字体颜色设为白色，完成后的效果如图 9-169 所示。

(21) 选择上一步创建的文字，进行复制，将复制的文字修改为"99"，将【字体大小】设为 100pt。按 Ctrl+T 组合键，在弹出的对话框中将【字体间距】设为 0，完成后的效果如图 9-170 所示。

图 9-168　绘制正圆　　　图 9-169　输入文字　　　　　　图 9-170　输入文字

本 章 小 结

CorelDRAW X6 允许矢量图和位图进行互相转换。通过将位图转换为矢量图，用户可对其进行填充、变形等编辑。本章重点介绍了如何调整位图的颜色，其次介绍了如何应用图层、创建与编辑位图、位图的颜色变换与校正以及位图的处理等内容。

习　　题

1. 导入一张位图，然后运用更改图像颜色模式的方法，将该图像制作为双色调效果。
2. 转换位图颜色模式有几种？分别是什么？
3. 打开一张格式为 JPG 的图片，然后运用本章所学习的知识，将图像转换为矢量图。

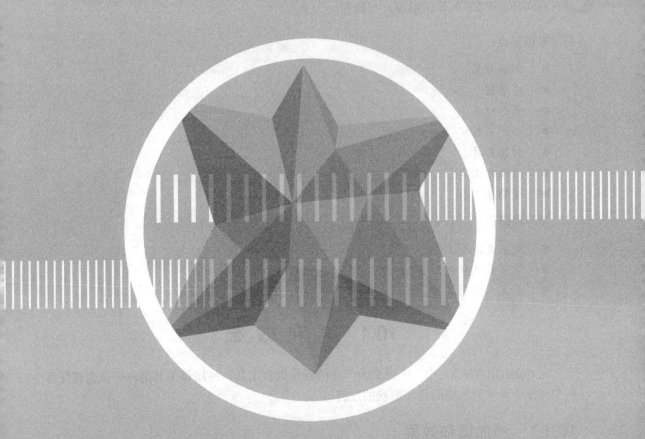

第 10 章

制作矢量图交互式效果

本章要点：

- 调和效果。
- 轮廓图。
- 变形对象。
- 阴影工具。
- 封套工具。
- 立体化工具。
- 透明度工具。

学习目标：

- 交互式轮廓工具。
- 交互式立体化工具。
- 交互式阴影工具。

10.1 调和效果

在 CorelDRAW X6 中，应用最为广泛的就是调和工具，使用该工具用户可以创建任意两个或多个对象之间的颜色和形状的过渡。

10.1.1 添加调和效果

在 CorelDRAW 中，使用调和工具可以在对象上产生形状和颜色调和。下面将介绍如何添加调和效果。

(1) 打开"素材\Cha10\素材 01.cdr"素材文件，如图 10-1 所示。

(2) 在工具箱中单击【选择工具】按钮 ，在绘图页中选择如图 10-2 所示的对象。

图 10-1　打开的素材文件

图 10-2　选择对象

(3) 在选择的对象上右击鼠标，在弹出的快捷菜单中选择【复制】命令，如图 10-3 所示。

(4) 按 Ctrl+V 组合键进行粘贴，调整粘贴后对象的位置，调整后的效果如图 10-4 所示。

提示： 除了上述方法可以复制对象外，用户还可以通过按小键盘上的+键对选中的对象进行复制。

图 10-3　选择【复制】命令

图 10-4　粘贴对象并调整其位置

(5) 在绘图页中选择前面所进行复制、粘贴的两个对象，在工具箱中单击【调和工具】按钮 ，在属性栏中将【预设列表】设置为【环绕调和】，如图 10-5 所示。

(6) 调和完成后，在工具箱中单击【选择工具】按钮 ，在绘图页中调整调和对象的位置，效果如图 10-6 所示。

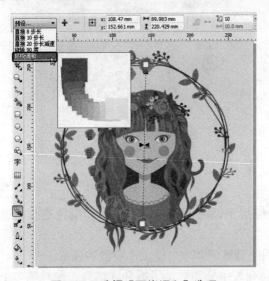

图 10-5　选择【环绕调和】选项

图 10-6　调整对象的位置

10.1.2　属性栏

当单击【调和工具】按钮 时，将会弹出其相应的属性栏，如图 10-7 所示，用户可以通过该属性栏中的参数控制调和对象。

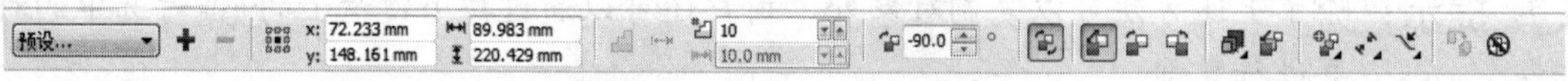

图 10-7　【调和工具】属性栏

- 【预设列表】下拉列表框：在该下拉列表框中共提供了 5 种预设调和样式，用户可以通过在该下拉列表框中选择相应的预设样式，应用该预设效果。
- 【添加预设】按钮＋：单击该按钮后，将会将当前对对象的设置另存为预设。
- 【调和步长】按钮：该按钮用于调整调和中的步长数。
- 【调和间距】按钮：该按钮用于调整调和步长数与形状之间的距离。
- 【调和方向】：用户可以通过在该文本框中输入相应的参数来调整调和的角度。
- 【环绕调和】按钮：单击该按钮后，将会将调和效果以环绕的效果呈现。
- 【直接调和】按钮：单击该按钮后，将设置颜色调和序列为直接颜色渐变。
- 【顺时针调和】按钮：单击该按钮后，将按色谱顺时针方向逐渐调和，如图 10-8 所示。
- 【逆时针调和】按钮：单击该按钮后，将按色谱逆时针方向逐渐调和，如图 10-9 所示。

图 10-8　顺时针调和

图 10-9　逆时针调和

- 【对象和颜色加速】按钮：该按钮用于调整调和中对象显示和颜色更改的速率，如图 10-10 所示。
- 【调整加速大小】按钮：该按钮用于调整调和中对象大小更改的速率。
- 【更多调和选项】按钮：在该下拉列表中分别提供了拆分、熔合、旋转等多个命令，如图 10-11 所示。
- 【起始和结束属性】按钮：用于重置调和效果的起始点和终止点，单击该按钮后，可以在弹出的下拉列表中执行相应的命令进行操作，如图 10-12 所示。
- 【路径属性】按钮：用于将调和效果移动到新的路径、显示路径和从路径分离等操作，如图 10-13 所示。

图 10-10 设置对象和颜色加速

图 10-11 【更多调和选项】下拉列表

图 10-12 【起始和结束属性】下拉列表

图 10-13 【路径属性】下拉列表

- 【复制调和属性】 ：单击该按钮后，可以对调和的属性进行复制，并且将复制的属性应用到其他调和中。
- 【清除调和】按钮 ：单击该按钮后，即可删除选中对象中的调和效果。

10.1.3 沿路径调和对象

在 CorelDRAW 中提供了【路径属性】按钮 功能，该功能可以将调和效果移动到新的路径上，使调和效果沿路径进行显示。

首先选中两个要进行调和的对象，使用【调和工具】 对选中对象进行调和，如图 10-14 所示。确认调和的对象处于选中状态，在属性栏中单击【路径属性】按钮 ，在弹出的下拉列表中选择【新路径】命令，当鼠标指针变为弯曲的图标 时，在路径上单击鼠标，即可将选中的对象跟随路径进行显示，如图 10-15 所示。

图 10-14　调和对象　　　　　　　　　　图 10-15　沿路径调和对象后的效果

【实例 10-1】制作环形装饰

下面将介绍如何制作环形装饰，其具体操作步骤如下。

(1) 打开"素材\Cha10\素材 02.cdr"素材文件，如图 10-16 所示。

(2) 在工具箱中单击【选择工具】按钮，在绘图页中选择如图 10-17 所示的对象。

图 10-16　打开的素材文件　　　　　　　图 10-17　选择对象

(3) 按小键盘上的 + 键，将选中的对象进行复制，并调整其位置及角度，如图 10-18 所示。

(4) 在绘图页中选中复制、粘贴的两个对象，在工具箱中单击【调和工具】按钮，在属性栏中单击【预设列表】下拉列表框，在弹出的下拉列表中选择【旋转 90 度】选项，如图 10-19 所示。

图 10-18　复制对象并进行调整　　　　　图 10-19　选择【旋转 90 度】选项

（5）在工具箱中单击【椭圆形工具】按钮 ⊙，在绘图页中绘制一个椭圆形，并调整其位置，效果如图 10-20 所示。

（6）使用【选择工具】⬚ 选择调和后的对象，在属性栏中单击【路径属性】按钮 ✎，在弹出的下拉列表中选择【新路径】命令，当鼠标指针变为弯曲的图标 ✐ 时，在椭圆上单击鼠标，如图 10-21 所示。

图 10-20　绘制椭圆形

图 10-21　添加新路径

（7）在属性栏中单击【更多调和选项】按钮 ▓，在弹出的下拉列表中选择【旋转全部对象】命令，如图 10-22 所示。

（8）在属性栏中单击【更多调和选项】按钮 ▓，在弹出的下拉列表中选择【沿全路径调和】命令，如图 10-23 所示。

图 10-22　选择【旋转全部对象】命令

图 10-23　选择【沿全路径调和】命令

（9）执行该操作后，即可将选中对象沿全路径进行调和，效果如图 10-24 所示。

（10）在绘图页中选中前面所绘制的椭圆形，在默认调色板中右击 ☒，取消描边显示，如图 10-25 所示。

图 10-24　沿全路径调和后的效果

图 10-25　取消椭圆描边

提示：当沿路径调和对象时，如果不希望路径显示颜色，则可以取消其描边，但是不可以将路径删除。如果将路径删除，则调和效果也会一起删除。

10.1.4　拆分调和对象

在 CorelDRAW 中，用户可以根据需要将调和的对象进行拆分，拆分后的对象可以随意进行编辑。下面将介绍如何拆分调和对象。

(1) 打开"素材\Cha10\素材 03.cdr"素材文件，如图 10-26 所示。

(2) 在工具箱中单击【选择工具】按钮 ，在绘图页中选择调和对象，如图 10-27 所示。

图 10-26　打开的素材文件

图 10-27　选择调和对象

(3) 在选中的对象上右击鼠标，在弹出的快捷菜单中选择【拆分调和群组】命令，如图 10-28 所示。

(4) 执行该操作后，即可将调和后的对象进行拆分，效果如图 10-29 所示。

图 10-28　选择【拆分调和群组】命令

图 10-29　拆分后的效果

提示：除了上述方法外，还可以通过按 Ctrl+K 组合键选择【拆分调和群组】命令。

10.1.5　创建起始点与结束点

下面将介绍如何创建起点与结束点，其具体操作步骤如下。

(1)　打开"素材\Cha10\素材 03.cdr"素材文件，在绘图页中选择调和对象，在属性栏中单击【起始和结束属性】按钮，在弹出的下拉列表中选择【新终点】命令，如图 10-30 所示。

(2)　当鼠标指针变为 时，在新的终点对象上单击鼠标，即可创建新的终点，效果如图 10-31 所示。

图 10-30　选择【新终点】命令

图 10-31　创建新终点

（3）　确认该对象处于选中状态，在属性栏中单击【起始和结束属性】按钮，在弹出的下拉列表中选择【新起点】命令，如图 10-32 所示。

（4）　当鼠标指针变为时，在新的起点对象上单击鼠标，即可创建新的起点，效果如图 10-33 所示。

图 10-32　选择【新起点】命令

图 10-33　创建新的起点后的效果

10.1.6　清除调和效果

当用户需要调和效果时，可以根据需要将调和效果进行清除。选择调和的对象，在属性栏中单击【清除调和】按钮，如图 10-34 所示。执行该操作后，即可清除选中对象的调和效果，如图 10-35 所示。

图 10-34　单击【清除调和】按钮

图 10-35　清除调和后的效果

10.2　轮　廓　图

使用【轮廓工具】![icon]可使轮廓线向内或向外复制并填充所需的颜色形成渐变状态扩展。

10.2.1　添加轮廓图效果

在 CorelDRAW 中，如果要为图形添加轮廓图效果，首先选中该对象，然后在工具箱中单击【轮廓工具】按钮![icon]，在属性栏的【预设列表】下拉列表中选择【内向流动】或【外向流动】命令，即可为选中的对象添加轮廓图效果，如图 10-36 所示为选择【外向流动】命令后的效果。

在单击【轮廓工具】按钮![icon]后，CorelDRAW 会显示其相应的属性栏，如图 10-37 所示，用户可以在其中根据需要设置所需的参数，来创建所需的轮廓图效果。

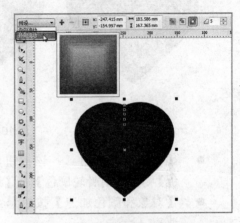

图 10-36　选择【外向流动】命令后的效果

图 10-37　【轮廓工具】属性栏

其中各选项说明如下。

● 【到中心】按钮![icon]：单击该按钮后，可以向中心添加轮廓线。

● 【内部轮廓】按钮![icon]：单击该按钮后，可以向内添加轮廓线。

● 【外部轮廓】按钮![icon]：单击该按钮后，可以向外部添加轮廓。

● 【轮廓图步长】：在文本框中输入参数，可以调整轮廓图步长的数量，如图 10-38 所示为将步长设置为 8 时的效果。

● 【轮廓图偏移】：该文本框可以用于调整对象中轮廓的间距，如图 10-39 所示为轮廓图偏移为 3mm 时的效果。

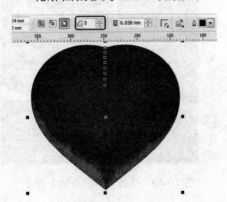

图 10-38　轮廓图步长为 8 时的效果

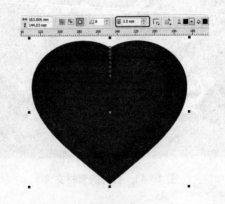

图 10-39　轮廓图偏移为 3mm 时的效果

● 【轮廓图角】按钮 🕝：该按钮可以用于设置轮廓图的角类型，如图 10-40 所示为不同角类型的效果。

(a) 斜接角   (b) 圆角   (c) 斜切角

图 10-40   不同的角类型

● 【轮廓色】按钮 🔲：该按钮可以用于设置轮廓的颜色，其中包括【线性轮廓色】、【顺时针轮廓色】、【逆时针轮廓色】3 个选项。

● 【对象和颜色加速】按钮 🔲：该按钮用于调整轮廓中对象大小和颜色变化的速率。

● 【复制轮廓图属性】按钮 🔲：该按钮可以将文档中另一个对象的轮廓图属性应用到所选的对象上。

● 【清除轮廓】按钮 🔞：该按钮可以将选中对象中的轮廓图效果清除。

【实例 10-2】制作艺术字

下面将通过【轮廓工具】来为文字添加轮廓效果，其具体操作步骤如下。

(1) 打开 "素材\Cha10\素材 04.cdr" 素材文件，如图 10-41 所示。

(2) 使用【选择工具】🔲在绘图页中选择字母 S，在工具箱中单击【轮廓工具】按钮 🔲，在属性栏的【预设列表】下拉列表中选择【外向流动】命令，如图 10-42 所示。

图 10-41   打开的素材文件

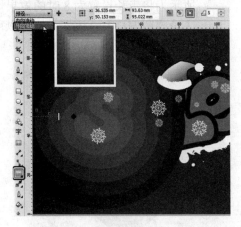

图 10-42   选择【外向流动】命令

(3) 确认该对象处于选中状态，在属性栏中将【轮廓图步长】设置为 2，将【轮廓图偏移】设置为 0.8mm，将【填充色】的 CMYK 值设置为 9、1、0、0，设置后的效果如

图 10-43 所示。

(4) 在绘图页中选择字母 a，在属性栏中单击【复制轮廓图属性】按钮，当鼠标指针变为➡时，在轮廓图效果上单击鼠标，如图 10-44 所示。

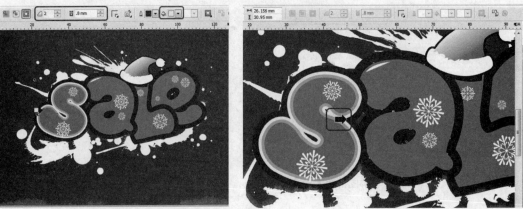

图 10-43　设置轮廓图参数　　　　　　图 10-44　单击【复制轮廓图属性】按钮

(5) 执行该操作后，即可将字母 S 上的轮廓图效果复制到字母 a 上，效果如图 10-45 所示。

(6) 使用同样的方法为其他字母添加轮廓。添加完成后，再在绘图页中选择字母 S，在属性栏中将其【轮廓图偏移】设置为 1.2mm，效果如图 10-46 所示。

图 10-45　复制轮廓图效果　　　　　　图 10-46　为其他对象添加轮廓图后的效果

10.2.2　拆分轮廓图

为了编辑用【轮廓工具】创建出的轮廓线，需要将其进行拆分，然后再一一对创建出的轮廓线进行所需的编辑。拆分轮廓图的步骤非常简单，首先在绘图页中选择要进行拆分的轮廓图效果，右击鼠标，在弹出的快捷菜单中选择【拆分轮廓图群组】命令，如图 10-47 所示。执行该操作后，即可拆分轮廓图，效果如图 10-48 所示。

图 10-47　选择【拆分轮廓图群组】命令

图 10-48　拆分轮廓图后的效果

10.3　变 形 对 象

在 CorelDRAW 中的【变形工具】共提供了 3 种变形类型，包括【推拉变形】、【拉链变形】、【扭曲变形】。

对象变形后，可通过改变变形中心来改变效果。此点由菱形控制柄确定，变形在此控制柄周围产生。可以将变形中心放在绘图窗口中的任意位置，或者将其定位在对象的中心位置，这样变形就会均匀分布，而且对象的形状也会随其中心的改变而改变。

在工具箱中单击【变形工具】按钮，其属性栏会显示相应的选项，如图 10-49 所示。

图 10-49　【变形工具】属性栏

10.3.1　推拉变形

下面将介绍如何利用【变形工具】中的推拉变形对图形进行变形，其具体操作步骤如下。

(1) 打开"素材\Cha10\素材 05.cdr"素材文件，如图 10-50 所示。

(2) 在工具箱中单击【复杂星形工具】按钮，在绘图页中绘制一个复杂星形，在属性栏中将【点数或边数】设置为 9，将【锐度】设置为 2，并设置其填充颜色，效果如图 10-51 所示。

(3) 选中绘制的复杂星形，在工具箱中单击【变形工具】按钮，在属性栏中单击【推拉变形】按钮，将【推拉振幅】设置为-101，如图 10-52 所示。

(4) 使用【选择工具】选中变形后的对象，按小键盘上的+键，对其进行复制，并调整其位置及大小，效果如图 10-53 所示。

图 10-50　打开素材文件

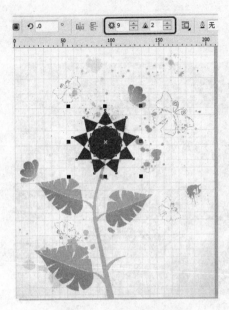

图 10-51　绘制复杂星形

图 10-52　设置变形参数

图 10-53　复制对象并进行调整

10.3.2　拉链变形和扭曲变形

下面将介绍如何利用拉链变形和扭曲变形对图形进行变形，其具体操作步骤如下。

(1)　打开"素材\Cha10\素材 06.cdr"素材文件，如图 10-54 所示。

(2)　在工具箱中单击【椭圆形工具】按钮 ◯ ，在绘图页中绘制一个圆形，在绘图页中调整其位置，并设置其填充颜色，如图 10-55 所示。

图 10-54　打开素材文件

图 10-55　绘制圆形并进行设置

　　(3)　在工具箱中单击【变形工具】按钮，在工具属性栏中单击【拉链变形】按钮，将【拉链振幅】设置为 100，将【拉链频率】设置为 5，如图 10-56 所示。

　　(4)　再次使用【变形工具】在选中的图形上进行拖动，再次添加变形效果，然后在属性栏中将【拉链振幅】设置为 85，将【拉链频率】设置为 9，如图 10-57 所示。

图 10-56　设置变形参数

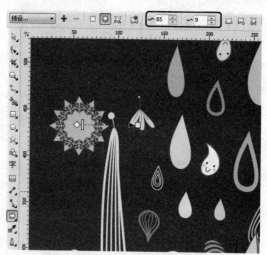

图 10-57　再次添加变形效果

　　(5)　再次绘制一个圆形，并对其进行相应的设置。选中绘制的圆形，在工具箱中单击【变形工具】按钮，在属性栏中单击【扭曲变形】按钮，然后对选中的圆形进行拖动，变形后的效果如图 10-58 所示。

　　(6)　在绘图页中调整变形后的圆形的位置及大小，调整后的效果如图 10-59 所示。

图 10-58 对圆形进行变形

图 10-59 调整圆形的位置及大小

10.4 阴 影 工 具

使用【阴影工具】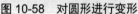可以为对象添加阴影效果，并可以模拟光源照射对象时产生的阴影效果。在添加阴影时，可以调整阴影的透明度、颜色、位置及羽化程度，当对象外观改变时，阴影的形状也随之变化。

下面对【阴影工具】的属性栏进行简单的介绍，如图 10-60 所示。

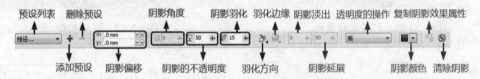

图 10-60 【阴影工具】属性栏

- 【阴影偏移】：当在【预设列表】中选择【平面右上】、【平面右下】、【平面左上】、【平面左下】、【小型辉光】、【中等辉光】或【大型辉光】时，该选项呈可用状态，可以在其中输入所需的偏移值。
- 【阴影角度】：用户可以在其中输入所需的阴影角度值。
- 【阴影的不透明】：可以在其文本框中输入所需的阴影不透明度值。
- 【阴影羽化】：在其文本框中可以输入所需的阴影羽化值。
- 【羽化方向】：在其下拉列表中可以选择所需的阴影羽化的方向。
- 【羽化边缘】：在其下拉列表中可以选择羽化类型。
- 【阴影延展】：该选项用于调整阴影的长度。
- 【阴影淡出】：该选项用于调整阴影边缘的淡出程度。
- 【透明度的操作】：在其下拉列表中可以为阴影设置各种所需的合并模式。
- 【阴影颜色】选项：在其下拉调色板中可以设置所需的阴影颜色。

【实例 10-3】添加阴影效果

下面将介绍如何为对象添加阴影，其具体操作步骤如下。

(1) 打开 "素材\Cha10\素材 07.cdr" 素材文件，如图 10-61 所示。

(2) 在工具箱中单击【选择工具】按钮，在绘图页中选择如图 10-62 所示的对象。

(3) 在工具箱中单击【阴影工具】按钮，在【预设列表】下拉列表中选择【平面右上】选项，如图 10-63 所示。

(4) 继续选中该对象，在属性栏中将【阴影偏移】分别设置为 5、-1.5，将【阴影的不透明度】设置为 21，将【阴影羽化】设置为 0，效果如图 10-64 所示。

图 10-61 打开素材文件

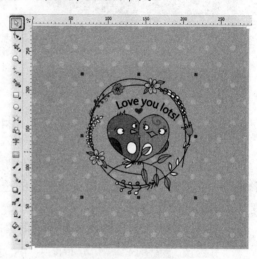

图 10-62 选择对象

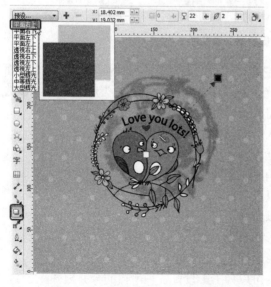

图 10-63 选择【平面右上】选项

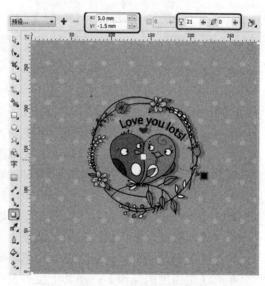

图 10-64 设置阴影参数

10.5　封套工具

在 CorelDRAW 程序中，可以将封套应用于对象(包括线条、美术字和段落文本框)。封套由多个节点组成，可以移动这些节点来为封套造型，从而改变对象形状。可以应用符合对象形状的基本封套，也可以应用预设的封套。应用封套后，可以对它进行编辑，或添加新的封套来继续改变对象的形状。CorelDRAW 还允许复制和移除封套。

下面将介绍如何利用封套工具调整图形，其具体操作步骤如下。

(1) 首先选择要进行封套的对象，在此选择一个矩形作为封套对象，单击工具箱中的【封套工具】按钮，此时矩形周围显示一个矩形封套，如图 10-65 所示。

(2) 选择节点，按住鼠标左键向右拖曳，如图 10-66 所示。

(3) 选择右侧的节点，按住鼠标左键向左进行拖曳，如图 10-67 所示。

(4) 使用同样的方法调整上方及下方的节点，调整后的效果如图 10-68 所示。

图 10-65　创建封套

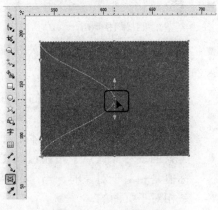

图 10-66　调整节点

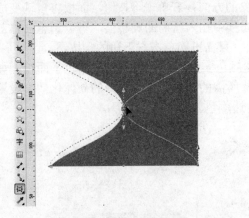

图 10-67　向左调整节点

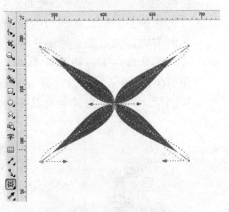

图 10-68　调整后的效果

10.6　立体化工具

使用【立体化工具】可以将简单的二维平面图形转换为三维立体化图形，如将正方形变为立方体。

下面介绍【立体化工具】的属性栏，如图 10-69 所示。

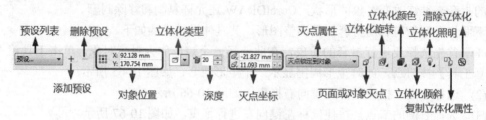

图 10-69　【立体化工具】属性栏

- 【立体化类型】下拉列表框：可以选择多个立体化类型，如图 10-70 所示。

- 【深度】：可以输入立体化延伸的长度。

- 【灭点坐标】：可以输入所需的灭点坐标，从而达到更改立体化效果的目的。

图 10-70　立体化类型

- 【灭点属性】下拉列表框：可以选择所需的选项来确定灭点位置与是否与其他立体化对象共享灭点等。

- 【页面或对象灭点】按钮：当【页面或对象灭点】按钮图标为时移动灭点，坐标值是相对于对象的。当【页面或对象灭点】按钮图标为时移动灭点，坐标值是相对于页面的。

- 【立体化旋转】按钮：单击该按钮，将弹出一个如图 10-71 所示的面板，可以直接拖动 3 字圆形按钮，来调整立体对象的方向；若单击按钮，面板将自动变成【旋转值】面板，如图 10-72 所示，在其中输入所需的旋转值，可以调整立体对象的方向。如果要返回到 3 字按钮面板，只需再次单击右下角的按钮。

- 【立体化颜色】按钮：单击【立体化颜色】按钮，将弹出【颜色】面板，如图 10-73 所示，可以在其中编辑与选择所需的颜色。如果选择的立体化效果设置了斜角，则可以在其中设置所需的斜角边颜色。

图 10-71　旋转面板

图 10-72　【旋转值】面板

图 10-73　【颜色】面板

- 【立体化倾斜】按钮：单击该按钮，将弹出如图 10-74 所示的面板，用户可以在其中选中【使用斜角修饰边】复选框，然后在文本框中输入所需的斜角深度与角度来设定斜角修饰边；也可以选中【只显示斜角修饰边】复选框，只显示斜角修饰边。

- 【立体化照明】按钮：单击该按钮，将弹出如图 10-75 所示的面板，可以在左边单击相应的光源为立体化对象添加光源，还可以设定光源的强度，以及是否使用全色范围。

图 10-74　【立体化倾斜】面板

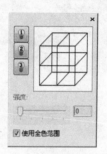

图 10-75　【立体化照明】面板

【实例 10-4】制作立体文字

下面将介绍如何制作立体文字，其具体操作步骤如下。

(1) 打开 "素材\Cha10\素材 08.cdr" 素材文件，如图 10-76 所示。

(2) 在工具箱中单击【文本工具】按钮字，在绘图页中创建一个文字。选中输入的文字，将其【字体】设置为【华文新魏】，将【字体大小】设置为 200pt，为其填充黄色，并添加白色描边，如图 10-77 所示。

图 10-76　打开的素材文件

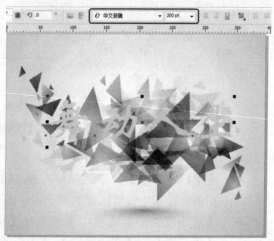

图 10-77　输入文字

(3) 在工具箱中单击【立体化工具】按钮，在【预设列表】下拉列表中选择【立体右上】选项，如图 10-78 所示。

(4) 继续选中该对象，在属性栏中将【深度】设置为 8，将【灭点坐标】分别设置为

12mm、71mm，将【立体化颜色】设置为使用纯色，其他使用默认参数即可，效果如图 10-79 所示。

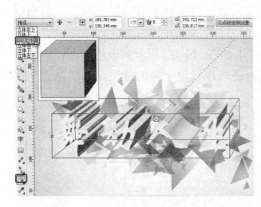

图 10-78　选择【立体右上】选项　　　　　　　图 10-79　设置立体化参数

10.7　透明度工具

使用透明工具可以为对象添加透明效果。就是指通过改变图像的透明度，使其成为透明或半透明图像的效果。用户还可以通过属性栏选择色彩混合模式，调整渐变透明角度和边缘大小，以及控制透明效果的扩展距离。

在工具箱中单击【透明度工具】按钮 ，如果绘图页中没有选择任何对象，则其属性栏中没有一项可用；如果在绘图页中选择了对象，则其属性栏中的【透明度类型】选项可用，用户可以在其列表中选择所需的透明度类型。为对象添加透明后，其属性栏中一些原本不可用的选项呈活动可用状态，如图 10-80 所示。

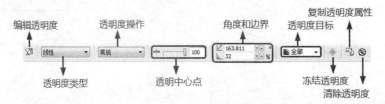

图 10-80　【透明度工具】属性栏

【透明度工具】属性栏选项说明如下。

● 【编辑透明度】按钮 ：单击该按钮，弹出【渐变透明度】对话框，用户可以根据需要在其中编辑所需的渐变，来改变透明度。

● 【透明度类型】选项：其中包括【标准】、【线性】、【射线】、【圆锥】、【正方形】、【双色图样】、【全色图样】、【位图图样】与【底纹】等。当选择不同的透明度，其属性栏也相应改变。

● 【透明度操作】选项：展开下拉列表，可以选择透明对象的重叠效果，包括【常规】、add、【减少】、【差异】、【乘】、【除】、【如果更亮】、【如果更暗】、【底纹化】、【颜色】、【色度】、【饱和度】等。

- 【透明中心点】选项：指定对象的透明程度，取值范围是 0～100，数值越大，透明效果越明显。当值为 0 时，对象无任何变化；当值为 100 时，对象完全透明消失。默认为 50。

- 【角度和边界】选项：用户可以在其中设置所需的参数来改渐变透明的边界和角度。

- 【透明度目标】选项：拥有指定透明的目标对象，分别为【填充】、【轮廓】、【全部】3 个选项。默认状态下为【全部】，即对选择对象的全部内容添加透明效果。

- 【冻结透明度】按钮：单击该按钮，启用【冻结】特性，可以固定透明对象的内部，可以将透明度移动至其他位置。

10.8　小型案例实训

下面将通过制作立体文字和制作创意壁纸来巩固本章主要讲解的知识。

10.8.1　制作立体文字

本案例将讲解如何制作标题文字，主要应用了文本工具、调整节点、轮廓笔等知识点。立体字显示效果如图 10-81 所示。

(1) 按 Ctrl+N 组合键，在弹出的【创建新文档】对话框中将【名称】设置为【制作立体文字】，将【宽度】设置为 430mm，将【高度】设置为 285mm，然后单击【确定】按钮，如图 10-82 所示。

图 10-81　立体文字　　　　图 10-82　设置【创建新文档】对话框中的参数

(2) 在工具箱中双击【矩形工具】按钮，绘制一个与页面同样大小的矩形。在工具箱中单击【填充工具】按钮，在弹出的下拉列表中选择【渐变填充】选项，弹出【渐变填充】对话框。在该对话框中将【类型】设置为【辐射】，在【颜色调和】组中选中【双色】单选按钮，将【从】的 RGB 颜色参数设置为 0、97、174，将【到】的 RGB 颜色参数设置为 90、196、241，如图 10-83 所示。

(3) 设置完成后单击【确定】按钮，填充效果如图 10-84 所示。

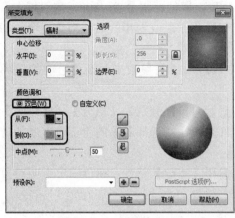

图 10-83　设置颜色参数

图 10-84　填充效果

(4) 按 Ctrl+I 组合键，导入"素材\Cha10\制作立体文字素材 1.cdr"素材文件，如图 10-85 所示。

(5) 选择导入的素材，在菜单栏中选择【效果】|【图框精确剪裁】|【置于图文框内部】命令，如图 10-86 所示。

图 10-85　导入素材

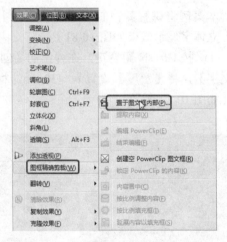

图 10-86　选择【置于图文框内部】命令

(6) 当鼠标指针变为黑色箭头时，单击绘制的矩形对象，如图 10-87 所示。

(7) 将素材置于图文框内部后的显示效果如图 10-88 所示。

(8) 在工具箱中单击【文本工具】按钮，在属性栏中将【字体】设置为【微软雅黑】，将【字体大小】设置为 200pt，单击【粗体】按钮。然后输入文本并将文本填充颜色参数设置为 0、112、80，输入文本效果如图 10-89 所示。

(9) 在工具箱中单击【立体化工具】按钮，在属性栏中将【预设列表】设置为【立体下】；将【深度】设置为 73；单击【页面或对象灭点】按钮；单击【立体化颜色】按钮，在弹出的面板中单击【使用递减的颜色】按钮，将【从】的 CMYK 颜色参数设置为 100、20、0、0，将【到】的 CMYK 颜色参数设置为 0、0、0、100；单击【立体化照明】按钮，在弹出的面板中取消所有光源的选择，取消选中【使用全色范围】复选框；设置完成后的显示效果如图 10-90 所示。

图 10-87　单击矩形

图 10-88　置于图文框内部效果

图 10-89　输入文本效果

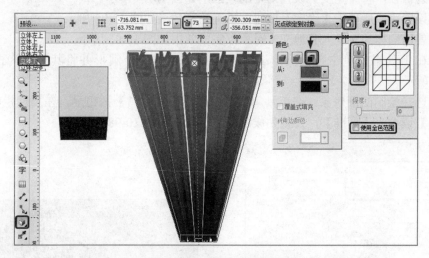

图 10-90　设置立体化参数

(10) 然后对文本的立体效果进行手动调整，调整效果如图 10-91 所示。

(11) 调整完成后将其移动到合适的位置，如图 10-92 所示。

(12) 在工具箱中单击【文本工具】按钮，在属性栏中将【字体】设置为【微软雅黑】，将【字体大小】设置为 200pt，单击【粗体】按钮，然后输入文本对象，如图 10-93 所示。

图 10-91　调整效果

图 10-92　移动位置　　　　　　　图 10-93　输入文本对象

(13) 选择输入的文本对象，按 F12 键，弹出【轮廓笔】对话框。在该对话框中将【颜色】设置为白色，将【宽度】设置为【细线】，如图 10-94 所示。

(14) 设置完成后单击【确定】按钮，设置轮廓效果如图 10-95 所示。

(15) 使用同样的方输入其他文本对象，完成效果如图 10-96 所示。

(16) 在工具箱中单击【椭圆形工具】按钮，绘制一个圆形并将其填充为白色，如图 10-97 所示。

(17) 选择绘制的圆对象，在工具箱中单击【透明度工具】按钮 ，在属性栏中将【透明度类型】设置为【标准】，设置完成后的显示效果如图 10-98 所示。

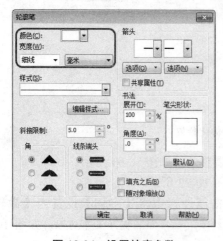

图 10-94　设置轮廓参数

图 10-95　轮廓效果

图 10-96　输入其他文本

图 10-97　绘制圆并填充

图 10-98　设置透明度效果

(18) 使用同样的方法绘制其他的圆对象并对其进行透明度设置，如图 10-99 所示。

(19) 按 Ctrl+I 组合键，导入"素材\Cha10\制作立体文字素材 2.cdr"素材文件，将素材文件复制到场景中，完成后的效果如图 10-100 所示。

图 10-99　绘制其他对象

图 10-100　完成效果

10.8.2　制作创意壁纸

本案例将讲解如何制作创意壁纸，其中主要应用了矩形工具、调和工具、透明度工具、复杂星形工具、变形工具等知识点。创意壁纸显示效果如图 10-101 所示。

图 10-101　创意壁纸

（1）启动 CorelDRAW X6，按 Ctrl+N 组合键，在弹出的对话框中将【宽度】、【高度】分别设置为 332mm、249mm，如图 10-102 所示。

（2）设置完成后，单击【确定】按钮，在工具箱中单击【矩形工具】按钮，在绘图页中绘制一个与文档大小相同的矩形，如图 10-103 所示。

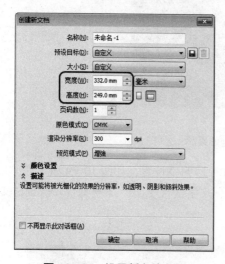

图 10-102　设置新文档参数

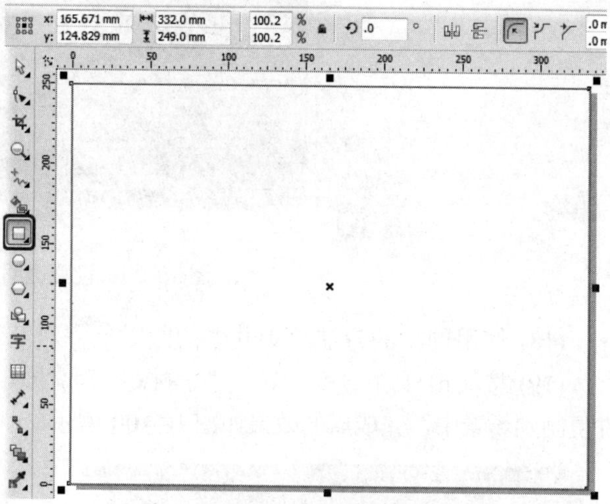

图 10-103　绘制矩形

（3）确认绘制的矩形处于选中状态，按 F11 键，打开【渐变填充】对话框，在该对话框中将【类型】设置为【辐射】，将【从】的 CMYK 值设置为 42、100、100、16，将【到】的 CMYK 值设置为 0、100、100、0，如图 10-104 所示。

（4）设置完成后，单击【确定】按钮。为选中对象取消轮廓颜色。在工具箱中单击【2 点线工具】按钮，在绘图页中绘制一条垂直的直线，如图 10-105 所示。

（5）确认该直线处于选中状态，按 F12 键，在弹出的对话框中将【颜色】设置为白色，将【宽度】设置为 3mm，如图 10-106 所示。

（6）设置完成后，单击【确定】按钮。继续选中该直线，按小键盘上的 + 键对其进行复制，并调整复制后的对象的位置，效果如图 10-107 所示。

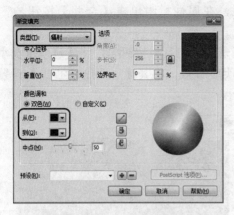

图 10-104　设置填充颜色

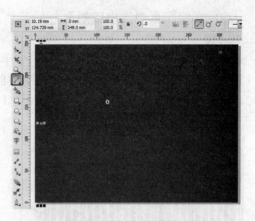

图 10-105　绘制垂直直线

图 10-106　设置轮廓参数

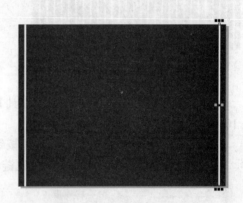

图 10-107　复制对象并调整其位置

（7）在绘图页中选中两条直线，在工具箱中单击【调和工具】按钮 ，在【预设列表】中选择【直接 8 步长】，将【调和对象】设置为 26，如图 10-108 所示。

（8）确认该对象处于选中状态，在工具箱中单击【选择工具】按钮 ，在调和对象上右击鼠标，在弹出的快捷菜单中选择【拆分调和群组】命令，如图 10-109 所示。

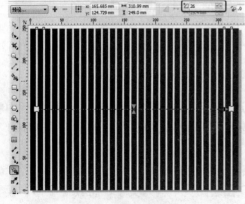

图 10-108　调和对象

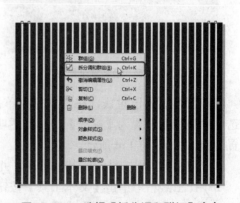

图 10-109　选择【拆分调和群组】命令

(9) 在绘图页中选中除矩形外的其他对象，在属性栏中单击【合并】按钮📋，如图 10-110 所示。

(10) 选中群组后的对象，在工具箱中单击【透明度工具】按钮🖳，将【透明度类型】设置为【辐射】，在绘图页中选择外圈中的透明度节点，将其【透明度中心点】设置为82，并调整透明度光圈的大小，如图 10-111 所示。

图 10-110　合并图形

图 10-111　设置透明度

(11) 在工具箱中单击【复杂星形工具】按钮🔯，在绘图页中绘制一个复杂星形，如图 10-112 所示。

(12) 在工具箱中单击【变形工具】按钮🔯，在工具属性栏中单击【拉链变形】按钮🔯，将【拉链振幅】设置为 100，将【拉链频率】设置为 5，如图 10-113 所示。

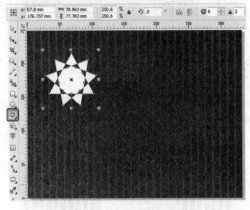

图 10-112　绘制复杂星形

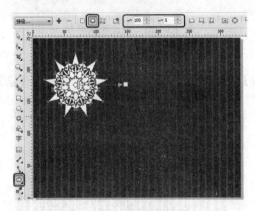

图 10-113　设置图形变形

(13) 继续选中该对象，在工具箱中单击【透明度工具】按钮🖳，在工具属性栏中将【透明度类型】设置为【标准】，将【透明度操作】设置为【强光】，将【开始透明度】设置为 90，如图 10-114 所示。

(14) 使用同样的方法绘制其他图形，并对其进行相应的设置，效果如图 10-115 所示。

(15) 在工具箱中单击【文本工具】按钮🅰，在绘图页中输入文字，将其【字体】设置为 Snap ITC，将【字体大小】设置为 200pt，如图 10-116 所示。

(16) 使用【选择工具】选中创建的文本，按 F12 键，在弹出的对话框中将【宽度】设置为 10mm，将【颜色】设置为白色，在【角】选项组中选中圆角单选按钮，选中【填充之后】复选框，如图 10-117 所示。

图 10-114　设置透明度

图 10-115　绘制其他图形后的效果

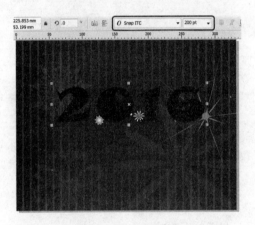

图 10-116　创建文本

图 10-117　设置轮廓参数

(17) 设置完成后，单击【确定】按钮，为选中的文字填充红色，并调整其位置，效果如图 10-118 所示。

(18) 根据前面所介绍的方法绘制多个椭圆形，为其填充颜色，并在绘图页中调整其位置，效果如图 10-119 所示，对完成后的场景进行保存即可。

图 10-118　填充颜色并调整文字位置

图 10-119　绘制椭圆形并进行设置

本 章 小 结

　　CorelDRAW 拥有丰富的图形编辑功能，除了前面介绍的形状工具和造型功能对图形进行各种形状编辑外，交互式工具的应用更能使图形产生锦上添花的效果。交互式工具可以为对象直接应用调和效果、轮廓图效果、变形效果、阴影效果、封套效果、立体化效果和透明效果。

习　　题

1. 如何使对象沿路径进行调和？
2. 轮廓图可以进行拆分吗？如何将轮廓图拆分？
3. 使用【立体化】工具，制作一种其他样式的立体文字。

第 11 章

符号的编辑与应用

本章要点：

● 创建符号。

● 符号管理器。

● 共享符号。

学习目标：

● 中断链接。

● 导入与导出符号库。

11.1 创 建 符 号

利用【创建符号】命令可将选择的一个或多个对象创建符号。

(1) 按 Ctrl+O 组合键，打开"素材\Cha11\符号素材.cdr"素材文件，效果如图 11-1 所示。

(2) 在工具箱中单击【选择工具】按钮 ，选择场景中的所有对象，效果如图 11-2 所示。

图 11-1　打开的素材文件

图 11-2　选择对象效果

(3) 在菜单栏中选择【编辑】|【符号】|【新建符号】命令，如图 11-3 所示，弹出【创建新符号】对话框，将【名称】设置为"兔子"，设置完成后单击【确定】按钮，如图 11-4 所示，即可将选择的对象创建为符号，效果如图 11-5 所示。

图 11-3　选择【新建符号】命令

图 11-4　【创建新符号】对话框

图 11-5 创建为符号后的效果

11.2 符号管理器

在菜单栏中选择【编辑】|【符号】|【符号管理器】命令，如图 11-6 所示，即可开启【符号管理器】泊坞窗，在泊坞窗中可以看到刚刚创建的符号，如图 11-7 所示。

图 11-6 选择【符号管理器】命令

图 11-7 【符号管理器】泊坞窗

> 提示：按 Ctrl+F3 组合键，可快速开启【符号管理器】泊坞窗。

【符号管理器】泊坞窗中各选项说明如下。

- 【添加库】按钮：默认情况下，将从库文件的原始位置引用这些文件，如图 11-8 所示。如果要将库复制到符号文件夹中，则选中【在本地复制库】复选框。如果添加的是集合，可以选中【递归】复选框以包括子文件夹。

图 11-8 添加库

- 【导出库】按钮：单击该按钮，可以将当前选择文档中的符号导出到要保存库文件的驱动器和文件夹中，在弹出的如图 11-9 所示的【导出库】对话框设置文件名，然后单击【保存】按钮，效果如图 11-10 所示。
- 【插入符号】按钮：单击该按钮，可以将当前选择的符号插入到文档中，如图 11-11 所示。

图 11-9 【导出库】对话框

图 11-10 导出库后的效果

图 11-11 插入符号效果

- 【编辑符号】按钮：单击该按钮，可以对当前选择的符号进行编辑，如图 11-12 所示。在菜单栏中选择【编辑】|【符号】|【完成编辑符号】命令，编辑完成。

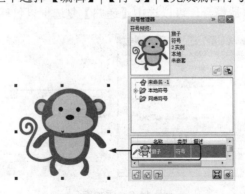

图 11-12 编辑符号效果

- 【删除符号】按钮：单击该按钮，可以将当前选择的符号删除。
- 【缩放到实际单位】按钮：单击该按钮，可以使符号自动缩放以适合当前绘图比例。
- 【清除未用定义】按钮：单击该按钮，可以将没有使用过或自定义的符号从符号管理器中删除，如图 11-13 和图 11-14 所示。

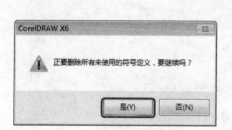

图 11-13　提示对话框

图 11-14　清除未定义效果

【实例 11-1】编辑符号

下面通过实例来讲解如何编辑符号，其具体操作步骤如下。

(1) 打开 "素材\Cha11\编辑符号素材.cdr" 素材文件，如图 11-15 所示。

(2) 在【符号管理器】泊坞窗中单击【编辑符号】按钮，此时在绘图页中会只显示一个符号，如图 11-16 所示。

图 11-15　打开素材文件

图 11-16　单击【编辑符号】按钮

(3) 使用【选择工具】在要进行编辑的对象上单击，按 + 键，对其进行复制。然后在其属性栏中单击按钮，水平镜像对象。移动两个符号的位置，如图 11-17 所示。

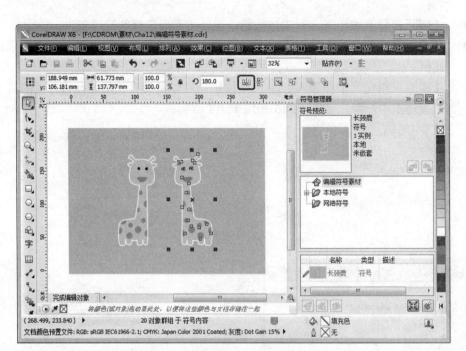

图 11-17　镜像对象并移动对象的位置

(4) 在菜单栏中选择【编辑】|【符号】|【完成编辑符号】命令，如图 11-18 所示。

(5) 结束编辑，如图 11-19 所示。

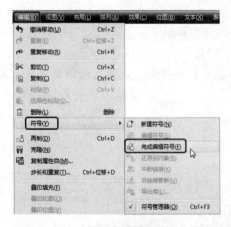

图 11-18　选择【完成编辑符号】命令　　　　　　图 11-19　编辑完成后的效果

【实例 11-2】还原到对象

下面通过实例来讲解如何还原到对象，其具体操作步骤如下。

(1) 继续【实例 11-1】中编辑符号的操作，在工具箱中单击【选择工具】按钮 ，在场景中单击要还原的对象，如图 11-20 所示。

(2) 在菜单栏中选择【编辑】|【符号】|【还原到对象】命令，如图 11-21 所示。

图 11-20　选择要还原的对象

图 11-21　【还原到对象】命令

(3)　即可将选择的符号实例还原为多个对象，同时蓝色控制柄变为黑色控制柄，如图 11-22 所示。

图 11-22　还原对象后的效果

提示：这里的编辑只会影响选择的对象本身，而不会影响其他的对象。

11.3　中 断 链 接

若要中断链接可通过以下方式进行操作。

首先在【符号管理器】泊坞窗中选择要导出的库，单击【插入符号】按钮，将该符号插入到绘图页中，如图 11-23 所示。在菜单栏中选择【编辑】|【符号】|【中断链接】命令，如图 11-24 所示。此时弹出一个如图 11-25 所示的提示对话框，单击【是】按钮，即可中断外部符号定义的链接。

图 11-23　插入符号效果

图 11-24　选择【中断链接】命令

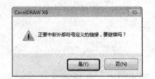

图 11-25　弹出的提示对话框

11.4　共 享 符 号

在 CorelDRAW X6 中，每个绘图作品都有一个自己的符号图库，符号库是 CorelDRAW 文件的组成部分。

用户可以将符号的实例复制并粘贴到剪贴板，或从剪贴板复制出来进行粘贴。粘贴符号实例会将符号放置在库中，并将该符号的实例放置在绘图中。之后再粘贴相同符号时，会将该符号的另一个实例放置在绘图中，而不会添加到库中。符号实例的复制和粘贴方法与其他对象相同。

【实例 11-3】复制或粘贴符号

下面通过实例来讲解如何复制或粘贴符号，其具体操作步骤如下。

(1) 打开"素材\Cha11\长颈鹿.cdr"素材文件，在【符号管理器】泊坞窗中，选择创建的符号并单击鼠标右键，在弹出的快捷菜单中选择【复制】命令，如图 11-26 所示。

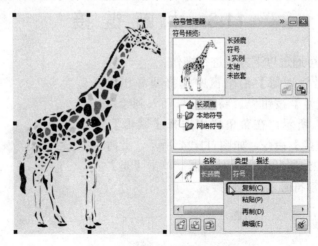

图 11-26　选择【复制】命令

（2）　按 Ctrl+N 组合键，新建一个文件，在【符号管理器】泊坞窗中右击，在弹出的快捷菜单中选择【粘贴】命令，如图 11-27 所示。

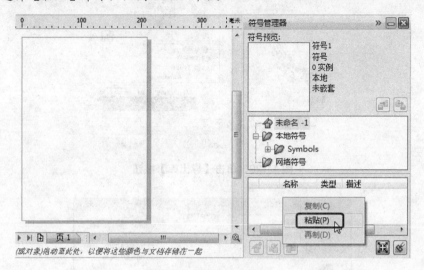

图 11-27　选择【粘贴】命令

（3）　即可将符号复制到绘图页中，如图 11-28 所示。

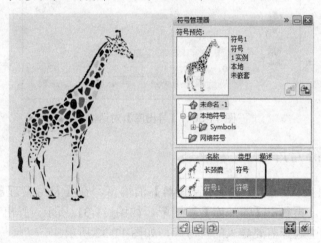

图 11-28　粘贴后的效果

11.4.1　导出符号库

使用【导出库】命令可以将创建并编辑后的符号导出为.csl 格式，并保存在系统指定的位置。如果要将此保存后的符号插入到其他文件中，只要将此.csl 文件导入即可。

在【符号管理器】泊坞窗中单击【导出库】按钮，如图 11-29 所示，弹出【导出库】对话框。在该对话框中选择一个存储路径，并在【文件名】下拉列表框中为文件命名，然后单击【保存】按钮，如图 11-30 所示。

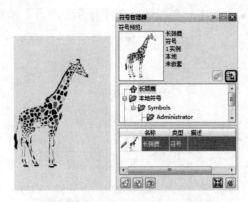

图 11-29　单击【导出库】按钮

图 11-30　【导出库】对话框

11.4.2　导入符号库

新建一个空白文档，开启【符号管理器】泊坞窗。在【符号管理器】泊坞窗中单击【本地符号】项目，再单击【添加库】按钮 ，如图 11-31 所示。弹出【浏览文件或文件夹】对话框，在其中选择需要导入的符号库，如图 11-32 所示。

图 11-31　选择本地符号

图 11-32　选择要导入的符号库

单击【确定】按钮，即可将选择的符号导入【符号管理器】泊坞窗中。然后单击【插入符号】按钮🔲，即可将符号插入绘图页中，如图 11-33 所示。

图 11-33　导入符号后的效果

11.5　小型案例实训——制作相框

下面来通过实例来练习如何使用符号创建一个相框。效果如图 11-34 所示。

(1) 新建一个文档，将【宽度】和【高度】分别设置为 300mm、250mm，单击【确定】按钮，如图 11-35 所示。

(2) 打开"素材\Cha11\相框素材.cdr"素材文件，将素材放置在新建的文档中，如图 11-36 所示。

(3) 使用【矩形工具】绘制 3 个长度为 8.5mm、宽度为 135.255mm 的矩形，分别设置矩形的颜色，如图 11-37 所示。

(4) 选择装饰品，在菜单栏中选择【符号】|【新建符号】命令，弹出【创建新符号】对话框，保持默认设置，单击【确定】按钮即可，如图 11-38 所示。

(5) 选择蝴蝶，创建符号。按 Ctrl+F3 组合键，开启【符号管理其】泊坞窗，如图 11-39 所示。

(6) 选择绘制的 3 个矩形，创建符号，如图 11-40 所示。

图 11-34　制作相框

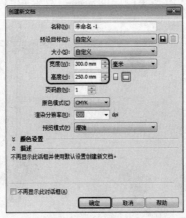

图 11-35　设置文档的大小

图 11-36　素材文件

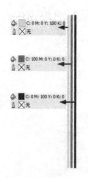

图 11-37　设置矩形的颜色

图 11-38　再次创建符号

图 11-39　创建符号

图 11-40　再次创建符号

（7）选择【符号 1】，按键盘上的＋键，在属性栏中单击【水平镜像】按钮，调整位置，如图 11-41 所示。

（8）选择【符号 3】，将其进行多次复制，并调整对象的位置，如图 11-42 所示。

（9）选择【符号 2】，并将其进行复制，调整对象的位置，如图 11-43 所示。

（10）使用　按钮和　按钮，调整蝴蝶的位置，如图 11-44 所示。

（11）按 Ctrl+I 组合键，选择"素材\Cha11\海滩.jpg"素材文件，单击【导入】按钮，并将其拖动至场景中，将图片调整至图层的后面，效果如图 11-45 所示。

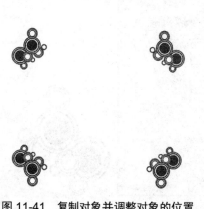

图 11-41　复制对象并调整对象的位置

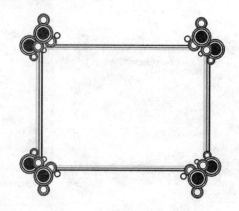

图 11-42　调整对象的位置

图 11-43　复制对象调整对象的位置　　图 11-44　调整蝴蝶的位置　　图 11-45　完成后的效果

本 章 小 结

　　本章先结合简单明了的实例讲解了如何创建、编辑和共享符号，然后结合典型的实例将符号应用到图案中。

　　通过本章的学习，相信用户已经全面掌握了符号的创建、编辑与应用。

习 　 题

1. 将对象创建为符号后的控制点是什么颜色的？
2. 在对符号编辑完成后，如何确认编辑操作？
3. 开启【符号管理器】泊坞窗的快捷键是什么？

第 12 章

打印与输出

本章要点:

● 打印设置。

● 打印输出。

学习目标:

学会基础内容。

12.1 打印前的准备

所有的设计工作都已经完成,需要将作品打印出来供自己和他人欣赏。在打印之前,还需要对所输出的版面和相关的参数进行调整设置,以确保更好地打印作品,更准确地表达设计的意图。

12.1.1 打印纸张

用户可在打印前根据自身需求来设定适合于打印的页面尺寸。在 CorelDRAW X6 中用户可以使用【选择工具】属性栏来设置页面大小。

设置完成后,在菜单栏中选择【文件】|【打印设置】命令,弹出【打印设置】对话框,如图 12-1 所示。

图 12-1 【打印设置】对话框

在该对话框中显示了打印机的相关信息,如打印机的名称、状态与类型等,设置完成后单击【确定】按钮,即可打印纸张。

12.1.2 印前技术

要使设计出的作品能够有更好的印刷效果,设计人员还需要了解相关的印刷知识,这在设计过程中对于版面的安排、颜色的应用和后期制作等都会起到很大的帮助。

1. 四色印刷

用于印刷的稿件必须是 CMYK 颜色模式,这时因为在印刷中使用的油墨都是由 C(青)、M(品红)、Y(黄)、K(黑)这 4 种颜色按不同的比例调配而成。如经常看到的宣传册、杂志、海报等,都是使用四色印刷而成。四色印刷并不是一次性印刷出所需要的颜色,它是经过 4 次印刷叠合而成。在印刷时,印刷厂会根据具体的印刷品来确定印刷颜色的先后顺序,通常的印刷流程为【黑色-青色-黄色-品红色】,经过 4 次印刷颜色的先后顺序,就叠合为需要的各种颜色。

2. 分色

分色是一个印刷专用名称,它是将稿件中的各种颜色分解为 C(青)、M(品红)、Y(黄)、K(黑)4 种颜色。通常的分色工作就是将图像转换为 CMYK 颜色模式,这样在图像中就存在有 C、M、Y、K 4 个颜色通道。印刷用青、品红、黄、黑四色进行,每一种颜色都有独立的色版，在色版上记录了这种颜色的网点。青、品红、黄三色混合产生的黑色不纯，而且印刷时在黑色的边缘上会产生其他的色彩。

印刷品中的颜色浓淡和色彩层次是通过印刷中的网点大小来决定的。颜色浓的地方网点就大，颜色浅的地方网点就小，不同大小、不同颜色的网点就形成了印刷品中富有层次的画面。

通常用于印刷的图像，在精度上不得低于 280dpi，不过根据用于印刷的纸张质量的好坏，在图像精度上也有所差别。用于报纸印刷的图像，通常精度为 150dpi；用于普通杂志印刷的图像，通常精度为 300dpi；对于一些纸张比较好的杂志或海报，通常要求图像精度为 350～400dpi。

3．菲林

菲林胶片类似于一张相应颜色色阶关系的黑白底片。不管是青、品红还是黄色通道中制成的菲林，都是黑白的；在将这 4 种颜色按一定的色序先后印刷出来后，就得到了彩色的画面。

4．制版

制版过程就是拼版和出菲林胶片的过程。

5．印刷

印刷分为平版印刷、凹版印刷、凸版印刷和丝网印刷 4 种不同的类型，根据印刷类型的不同，分色出片的要求也会不同。

- 平版印刷：又称为胶印，是根据水和油墨不相互混合的原理制版印刷的。在印刷过程中，油脂的印纹会在油墨辊经过时沾上油墨，而非印纹部分会在水辊经过时吸收水分，然后将纸压在版面上，使印纹上的油墨转印到纸张上，就制成了印刷品。平版印刷主要用于海报、画册、杂志以及月历的印刷等，它具有吸墨均匀、色调柔和、色彩丰富等特点。

- 凹版印刷：将图文部分印在凹面，其他部分印在平面。在印刷时涂满油墨，然后刮拭干净较高部分的非图文处的油墨，并加压于承印物，使凹下的图文处的油墨接触并吸附于被印物上，这样就印成了印刷品。凹版印刷主要用于大批量的 DM 单、海报、书刊和画册等，同时还可用于股票、礼券的印刷，其特点是印刷量大，色彩表现好，色调层次高，不易仿制。

- 凸版印刷：与凹版印刷相反，其原理类似于盖印章。在印刷时，凸出的印纹站上油墨，而凹纹则不会沾上油墨，在印版上加压于承印物时，凸纹上的图文部分的油墨就吸附在纸张上。凸版印刷主要应用于信封、贺卡、名片和单色书刊等的印刷，其特点是色彩鲜艳、亮度好、文字与线条清晰，不过它只适合于印刷量少时使用。

- 丝网印刷：印纹呈网孔状，在印刷时，将油墨刮压，使油墨经网孔被吸附在承印物上，就印成了印刷品。丝网印刷主要用于广告衫、布幅等布类广告制品的印刷等。其特点是油墨浓厚，色彩鲜艳，但色彩还原力差，很难表现丰富的色彩，且印刷速度慢。

12.2 打 印 设 置

在 CorelDRAW 中设计制作好作品后，可以通过打印机打印输出，下面主要介绍在 CorelDRAW 中打印作品的方法。

打印设置是指对打印页面的布局和打印机类型等参数进行设置。在菜单栏中选择【文件】|【打印】命令，弹出【打印】对话框，其中包括【常规】、【颜色】、【复合】、【布局】、【预印】、PostScript 和【无问题】7 个标签，下面进行简单介绍。

12.2.1 常规设置

在弹出的【打印】对话框中，默认为【常规】选项卡，如图 12-2 所示，在【常规】选项卡中，可以设置打印范围、份数及打印类型，下面分别对各选项功能进行介绍。

- 【打印机】下拉列表框：单击其下拉按钮，在弹出的下拉列表中可以选择与本台计算机相连的打印机名称。
- 【首选项】按钮：单击该按钮，弹出如图 12-3 所示的【与设备无关的 PostScript 文件属性】对话框，在【纸张】栏中可以设置打印的纸张大小，通过【宽度】和【高度】选项可以对纸张大小进行自定义设置，【旋转】栏用于设置当前文件的方向打印。

图 12-2 【常规】选项卡

图 12-3 【与设备无关的 PostScript 文件属性】对话框

🔖 **提示：** 纸张大小需要根据打印机的打印范围而定，通常的打印机所能支持的打印范围为 A4 大小，所以在打印文件时，当前文件的尺寸大于 A4 时就需要将文件尺寸调整到 A4 范围之内，同时需要将文件移动至页面中，这样才能顺利地打印出完整的稿件。

- 【当前文档】单选按钮：可以打印当前文件中所有页面。
- 【文档】单选按钮：可以在下方出现的文件列表框中选择所要打印的文档，出现在该列表框中的文件是已经被 CorelDRAW 打开的文件。

- 【当前页】单选按钮：只打印当前页面。
- 【选定内容】单选按钮：只能打印被选取的图形对象。
- 【页】单选按钮：可以指定当前文件中所要打印的页面，还可以在下方的下拉列表框中选择所要打印的是奇数页还是偶数页。
- 【份数】微调框：用于设置文件被打印的份数。
- 【打印类型】下拉列表框：选择打印的类型。
- 【另存为】按钮：在设置好打印参数以后，单击该按钮，可以让 CorelDRAW X6 保存当前的打印设置，以便日后在需要的时候直接调用。

12.2.2　设置打印颜色

单击【打印】对话框中的【颜色】标签，切换至【颜色】选项卡，如图 12-4 所示。
【颜色】选项卡中相关选项的功能如下。

- 【执行颜色转换】：可在其右侧的下拉列表框中选择 CorelDRAW 或打印机。选择 CorelDRAW，可以让应用程序执行颜色转换。选择【打印机】，可让所选的打印机执行颜色转换(此选项仅适用于打印机)。
- 【将颜色输出为】：从右侧的下拉列表框中选择合适的颜色模式，可打印文档并保留 RGB 或灰度颜色。
- 【分色打印】单选按钮：选择该选项，允许用户按照颜色分色进行打印。
- 【使用颜色预置文件校正颜色】：在右侧的下拉列表框中选择文档颜色预置文件，可打印原始颜色的文档。
- 【匹配类型】：指定打印的匹配类型，如图 12-5 所示。
  - ◆ 相对比色：在打印机上生成校样，且不保留白点。
  - ◆ 绝对比色：保留白点和校样。
  - ◆ 感性：适用于多种图像，尤其是位图和摄影图像。
  - ◆ 饱和度：适用于矢量图形，保留高度饱和的颜色(线条、文本和纯色对象)。

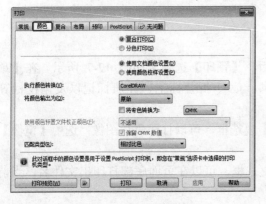

图 12-4　【颜色】选项卡

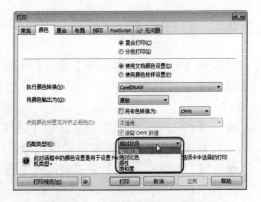

图 12-5　【匹配类型】下拉列表

12.2.3 设置版面布局

单击【打印】对话框中的【版面】标签,切换至【布局】选项卡设置,如图 12-6 所示,相关选项功能如下。

- 【与文档相同】单选按钮:可以按照对象在绘图页面中的当前位置进行打印。
- 【调整到页面大小】单选按钮:可以快速地将绘图尺寸调整到输出设备所能打印的最大范围。
- 【将图像重定位到】单选按钮:在右侧的下拉列表框中,可以选择图像在打印页面的位置。
- 【打印平铺页面】复选框:选中该复选框后,以纸张的大小为单位,将图像分割成若干块后进行打印,用户可以在预览窗口中观察平铺的情况。
- 【出血限制】复选框:选中【出血限制】复选框后,可以在右侧的微调框中设置出血边缘的数值。

图 12-6 【布局】选项卡

12.2.4 打印预印

切换至【打印】对话框的【预印】标签后,【预印】选项卡如图 12-7 所示。在【预印】选项卡中可以设置纸张/胶片、文件信息、裁剪/折叠标记、注册标记以及调校栏等参数。

- 【纸张/胶片设置】栏:选中【反显】复选框,可以打印负片图像;选中【镜像】复选框,打印为图像的镜像效果。
- 【打印文件信息】复选框:选中该复选框,可以在页面底部打印出文件名、当前日期和时间等信息。
- 【打印页码】复选框:选中该复选框后,可以打印页码。
- 【在页面内的位置】复选框:选中该复选框后,可以在页面内打印文件信息。
- 【裁剪/折叠标记】复选框:选中该复选框,可以让裁剪线标记印在输出的胶片上，作为装订厂装订的参照依据。

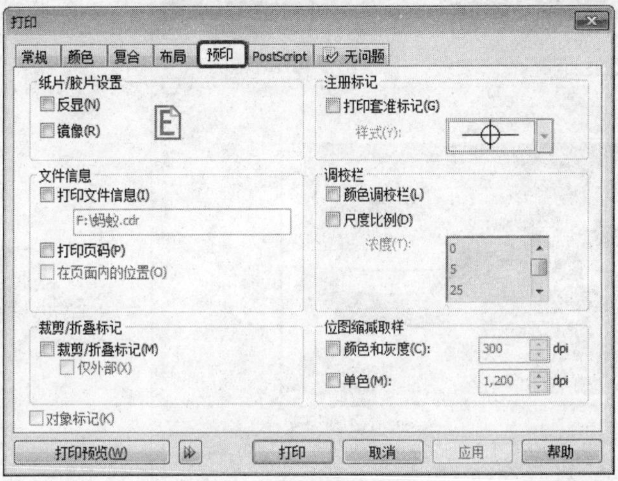

图 12-7　【预印】选项卡

- 【仅外部】复选框：选中该复选框，可以在同一纸张上打印出多个面，并且将其分割成各个单张。
- 【对象标记】复选框：将打印标记设置于对象的边框，而不是页面的边框。
- 【打印套准标记】复选框：选中后，可以在页面上打印套准标记。
- 【样式】下拉列表框：用于选择套准标记的样式。
- 【颜色调校栏】复选框：选中后，可以在作品旁边打印包含 6 种基本颜色的色条，用于质量较高的打印输出。
- 【尺度比例】复选框：可以在每个分色版上打印一个不同灰度深浅的条，它允许被称为密度计的工具来检查输出内容的精确性、质量程度和一致性，用户可以在下面的【浓度】列表框中选择颜色的浓度值。

12.2.5　打印预览

可以使用全屏打印预览来查看作品被送到打印设备以后的确切外观。打印预览功能显示出图像在打印纸上的位置与大小。如果进行相应设置，还会显示出打印机标记，如裁剪标记和颜色校准栏等。可以手动调整作品大小及位置，为了能更精确地预览到作品最终的外观，可以使用视觉帮助，如边界框，它显示了待打印图像的边缘。

在菜单栏中选择【文件】|【打印预览】命令，即可进入打印预览模式，如图 12-8 所示。

- 单击 ➕ 按钮：可将当前预览框中的打印对象另存为一个新的打印类型。
- 单击 ≣ 按钮：弹出【打印选项】对话框，在此对话框中可具体设置打印的相关事项。
- 单击 到页面 ▼ 按钮：弹出下拉列表，如图 12-9 所示，从中可以选择不同的缩放比例来对对象进行打印预览。

图 12-8　打印预览窗口

图 12-9　选择缩放比例

- 单击 ⊞ 按钮：可将打印的对象满屏预览。
- 单击 ⊡ 按钮：可将一幅作品分成四色打印。
- 单击 ⊟ 按钮：可将打印预览的对象以底片的效果打印。
- 单击 ⊡ 按钮：可将打印的对象镜像打印出来。
- 单击 ⊡ 按钮：可关闭打印预览窗口。
- 单击 ⊡ 按钮：可以指定和编辑拼版版面。
- 单击 ⊡ 按钮：可以增加、删除、定位打印标记。

提示：如果不需要再修改打印参数，可单击工具栏中的【打印】按钮，即可开始打印文件。

12.3　打 印 输 出

在将设计好的作品打印或印刷出来后，整个设计制作过程才算彻底完成。要想成功地打印作品，还需要对打印选项进行设置，以达到更好的打印效果。在 CorelDRAW 中提供了详细的打印选项，通过设置打印选项并即时预览打印效果，可以提高打印的准确性。

12.3.1　合并打印

使用合并打印向导可以组合文本和绘图，如可以在不同的请柬上打印不同的接收方姓名来注名请柬。

1. 创建/装入合并域

要创建合并域，可以在菜单栏中选择【文件】|【合并打印】|【创建/装入合并域】命令，弹出【合并打印向导】对话框，如图 12-10 所示。然后按照该对话框中的提示并进行

操作，即可完成对合并域的创建。

图 12-10　【合并打印向导】对话框

2. 执行合并

若要执行合并，可以在菜单栏中选择【文件】|【合并打印】|【执行合并】命令，在弹出的【打印】对话框中选择一台打印设备，设置完成后单击【打印】按钮，即可完成执行合并命令的操作。

3. 编辑合并域

要编辑合并域，在菜单栏中选择【文件】|【合并打印】|【编辑合并域】命令，在弹出的【合并打印向导】对话框中，按照提示进行操作即可。

12.3.2　收集用于输出的信息

CorelDRAW 中提供的【收集用于输出】向导功能，可以简化许多流程，如创建 PostScript 和 PDF 文件、收集输出图像所需的不同部分，以及将原始图像、嵌入图像文件和字体复制到用户定义的位置等。

【实例 12-1】将输出的信息收集在 C 盘的文档中

下面将讲解如何将输出的信息收集在 C 盘的文档中，其具体操作步骤如下。

(1) 在菜单栏中选择【文件】|【收集用于输出】命令，弹出【收集用于输出】对话框，在这里保持默认设置，单击【下一步】按钮，如图 12-11 所示。

(2) 在弹出的如图 12-12 所示的对话框中选择文档的输出文件格式，这里保持默认设置，单击【下一步】按钮。

(3) 弹出如图 12-13 所示的对话框，单击【下一步】按钮。

(4) 在如图 12-14 所示的对话框中，单击【浏览】按钮，弹出【浏览文件夹】对话框，在其中选择输出中心的文件夹，这里选择的是 C 盘，单击【下一步】按钮。

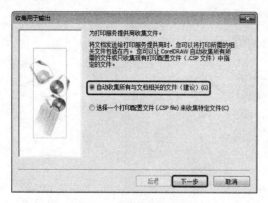

图 12-11　【收集用于输出】对话框

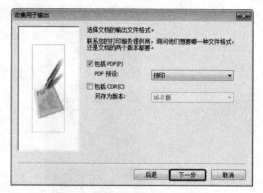

图 12-12　设置文档的输出格式

图 12-13　设置输出的颜色预置文件

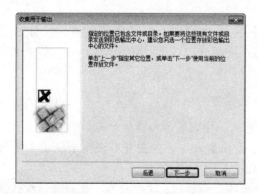

图 12-14　选择输出中心的文件夹

(5)　弹出如图 12-15 所示的对话框，单击【下一步】按钮。

(6)　在弹出的如图 12-16 所示的对话框中，单击【完成】按钮完成操作。

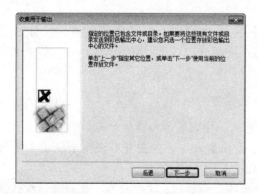

图 12-15　单击【下一步】按钮

图 12-16　完成操作

本 章 小 结

　　本章主要介绍了将设计制作好的作品打印出来的方法与技巧。通过对本章的学习，用户可以轻松地打印出自己满意的作品。

习　　题

1. 打印前需要准备什么？
2. 打开一幅作品，练习使用打印功能对其进行打印。

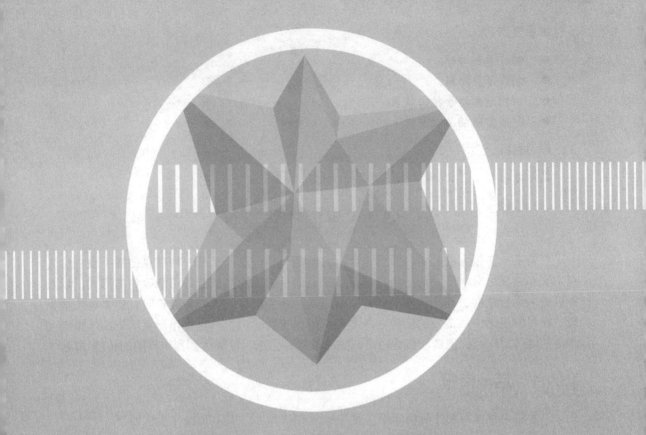

第 13 章

项目实践

本章要点：

- 制作活动海报。
- 制作话费海报。
- 制作动画场景插画效果。
- 制作雪地插画效果。

学习目标：

灵活运用 CorelDRAW 制作广告，如海报、插画等。

13.1　平面广告设计

广告是一个很大的范畴，简单地讲，它既是一种信息，又是一种信息传播手段。广告有广义和狭义之分。广义的广告，包括以营利为目的的商品或劳务信息等传播形式，以及不以营利为目的的、非经营性的社会公益广告、社会服务广告、各类声明、启事等传播手段。在日常生活中所提及的广告，基本上都是指狭义的广告，也称作商业广告，是指借助特定的媒体，向目标消费者传达特定的商品或劳务信息，以求达到预定目的的传播手段。

13.1.1　活动海报

下面将讲解如何制作活动海报，效果如图 13-1 所示。其具体操作步骤如下。

(1) 按 Ctrl+N 组合键，弹出【创建新文档】对话框，将【名称】设置为【活动海报】，将【宽度】设置为 300mm、【高度】设置为 195mm，单击【确定】按钮，如图 13-2 所示。

图 13-1　活动海报

(2) 使用【矩形工具】绘制一个【宽度】为 300、【高度】为 195 的矩形，将颜色的 RGB 值设置为 3、79、159，将【轮廓】设置为无，如图 13-3 所示。

(3) 使用【多边形工具】，将【边数】设置为 8，将【填充颜色】的 CMYK 值设置为 9、47、44、9。单击【透明度工具】按钮，将【透明度类型】设置为【标准】，将【透明度操作】设置为【屏幕】，将【开始透明度】设置为 80，如图 13-4 所示。

　　(4) 按 F12 键，弹出【轮廓笔】对话框，将【颜色】设置为白色，将【宽度】设置为 0.446 mm，单击【确定】按钮即可，如图 13-5 所示。

图 13-2　创建新文档

图 13-3　设置矩形

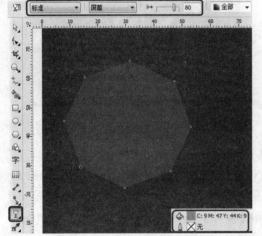

图 13-4　设置多边形的透明度

图 13-5　设置多边形的轮廓

　　(5) 按小键盘上的 + 键，将其复制后调整位置，如图 13-6 所示。

图 13-6　复制对象并调整对象的位置

(6) 使用【钢笔工具】沿着五边形绘制线段，设置轮廓笔的参数，效果如图 13-7 所示。

图 13-7　设置完成后的效果

(7) 使用【文本工具】输入文字，将【字体】设置为【汉仪家书简】，将【字体大小】设置为 120pt，将【颜色】设置为白色，如图 13-8 所示。

(8) 按 Ctrl+Q 组合键，将文字转换为曲线。然后按 Ctrl+K 组合键，拆分曲线，使用【形状工具】调整对象，如图 13-9 所示。

图 13-8　设置文本

图 13-9　调整文本的形状

(9) 使用【文本工具】输入文字，将字体设置为【微软雅黑】和【粗体】，将【字号】设置为 36pt，将【填充颜色】的 CMYK 值设置为 60、0、20、0，如图 13-10 所示。

(10) 使用【文字工具】输入文字，将文字的【宽度】设置为 59.361mm，将【高度】设置为 71.28mm，将字体设置为【微软雅黑】和【粗体】，将【字号】设置为 212.204pt，将【字体颜色】设置为白色，如图 13-11 所示。

图 13-10　设置文本的字体、字号和颜色

图 13-11　设置文字

(11) 使用【文字工具】输入"！"，然后根据图 13-12 设置参数。

图 13-12　设置文字的参数

(12) 使用【文字工具】输入文字，将【字体】设置为【微软雅黑】，将【字号】设置为 40pt，将【字体颜色】的 CMYK 颜色值设置为 60、0、20、0，效果如图 13-13 所示。

图 13-13　设置文字

(13) 使用【矩形工具】绘制矩形，将【宽度】设置为 34，将【高度】设置为 15，将矩形的【轮廓色】和【填充颜色】都设置为白色，使用【文本工具】输入文字，将字体设置为【微软雅黑】|【粗体】，将【字号】设置为 40 pt，将 RGB 的颜色值设置为 3、79、159，调整对象的位置，效果如图 13-14 所示。

(14) 将设置完成后的所有文字对象进行群组。使用同样的方法，设置图 13-15 的文字对象。

图 13-14　绘制后的效果

图 13-15　设置文字后的效果

(15) 单击【立体化工具】按钮 ，将【预设列表】设置为【立体左上】，将【立体化类型】设置为 ，将【深度】设置为 53，将【坐标】的 X 和 Y 值分别设置为 21.5mm、-43.795mm。单击【立体化颜色】按钮 ，在弹出的面板中单击 按钮，将【从】的 RGB 值设置为 51、0、102，将【到】的 RGB 值设置为 0、204、255。单击 按钮，将【光源 1】、【光源 2】、【光源 3】全部关闭，如图 13-16 所示。

图 13-16　设置立体化参数

(16) 使用【矩形工具】绘制矩形，将【填充颜色】的 CMYK 值设置为 0、95、20、0，将矩形的【轮廓】设置为白色，将【宽度】设置为.5 mm，如图 13-17 所示。

(17) 使用【文本工具】，输入文本，将字体设置为【微软雅黑】和【粗体】，将【字号】设置为 15pt，将【字体颜色】的 CMYK 值设置为 80、60、0、60。单击【文本对齐】按钮 ，在弹出的下拉列表中选择【居中】选项，如图 13-18 所示。

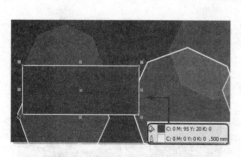

图 13-17　设置矩形的填充和轮廓颜色

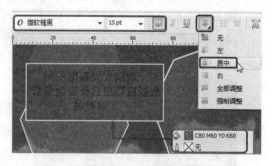

图 13-18　设置文本

(18) 使用上面介绍的方法，设置其他的文字，最终效果如图 13-19 所示。

图 13-19　最终效果

13.1.2　话费海报

下面将讲解如何制作话费海报，效果如图 13-20 所示。其具体操作步骤如下。

(1) 新建一个文档，将【页面宽度】和【页面高度】分别设置为 209mm、254mm，使用【矩形工具】绘制一个与页面大小相同的矩形，如图 13-21 所示。

(2) 按 F11 键，弹出【渐变填充】对话框，将【类型】设置为【辐射】，将【从】的颜色值设置为 214、214、214，如图 13-22 所示。

图 13-20　话费海报

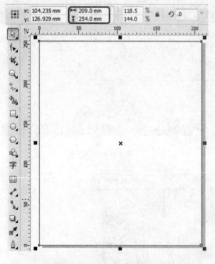

图 13-21　绘制矩形

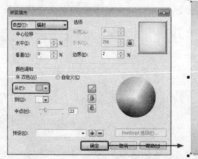

图 13-22　设置矩形的渐变颜色

(3) 打开"素材\Cha13\素材 1.cdr"素材文件，将其复制到如图 13-23 所示的位置处。

(4) 使用【文本工具】输入文字，将【字体】设置为【华文隶书】，将【字号】设置为 125.44 pt，将【字体颜色】的 RGB 值设置为 165、144、144，如图 13-24 所示。

图 13-23　复制对象　　　　　　　　　　图 13-24　设置文字的参数

(5)　单击【阴影工具】按钮，拖动鼠标添加阴影，将【阴影偏移】的 X、Y 的参数设置为 0mm，将【阴影的不透明度】设置为 100，将【阴影羽化】设置为 20，将【透明度操作】设置为【常规】，将【阴影颜色】的 RGB 值设置为 165、144、144，如图 13-25 所示。

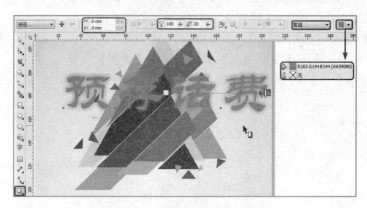

图 13-25　设置阴影

(6)　使用【文本工具】输入文本，将【字体颜色】设置为白色，参照如图 13-26 设置其参数，调整文本的位置。

图 13-26　设置完成后的效果

(7) 选中两个文字对象，按 Ctrl+G 组合键，将其进行群组。使用同样的方法设置如图 13-27 所示的文字。

(8) 使用【钢笔工具】，绘制如图 13-28 所示的对象。

(9) 为对象填充颜色，将 RGB 的颜色值设置为 178、142、108，将【轮廓】设置为无，如图 13-29 所示。

图 13-27　设置完成后的效果

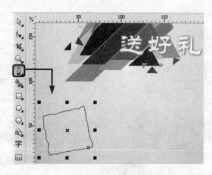

图 13-28　绘制对象

图 13-29　设置填充和轮廓

(10) 然后按＋键复制一个该对象，调整其位置，将 RGB 的颜色值设置为 254、230、160，如图 13-30 所示。

(11) 使用【矩形工具】绘制矩形，将【圆角半径】设置 3.0mm，将【填充颜色】设置为无，将【轮廓颜色】设置为洋红，将【旋转角度】设置为 11.5，将轮廓【宽度】设置为 0.5 mm，设置轮廓的样式，调整对象的位置，如图 13-31 所示。

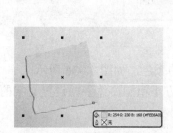

图 13-30　设置颜色值

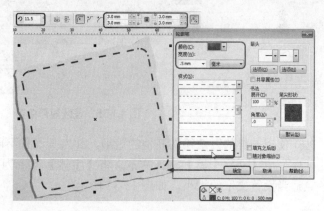

图 13-31　设置矩形参数

(12) 使用【文本工具】输入文本，将【字体】设置为【方正粗圆简体】，将【字号】设置为 40pt，将【旋转角度】设置为 12.1，调整对象的位置，将【字体颜色】的 CMYK 值设置为 100、60、0、0，如图 13-32 所示。

(13) 再次使用【文本工具】输入文本，并对其进行设置，效果如图 13-33 所示。

(14) 使用【矩形工具】绘制对象，参照如图 13-34 所示的参数进行设置。

(15) 适当地调整对象的位置。再次使用【矩形工具】绘制矩形，将【宽】和【高】分别设置为 110.0 mm、10.0 mm，将【填充颜色】的 CMYK 值设置为 100、0、0、0，将

【轮廓】设置为无，如图 13-35 所示。

图 13-32　完成后的效果

图 13-33　输入文本

图 13-34　绘制对象

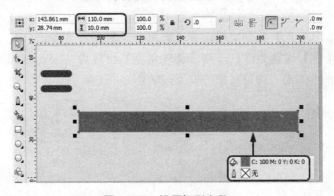

图 13-35　设置矩形参数

(16) 使用同样的方法绘制其他的矩形，并为其设置不同的颜色，如图 13-36 所示。

(17) 使用【文字工具】输入文本，将【字体】设置为【方正粗圆简体】，设置文字的颜色，适当设置文字的大小，如图 13-37 所示。

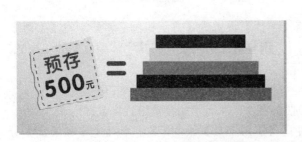

图 13-36　绘制其他的矩形

图 13-37　最终效果

13.2　插　画　设　计

插画是针对时尚的商业广告采用的一种绘画表现形式。它运用图案表现形象，本着审美与使用相统一的原则，达到视觉上的艺术效果，其设计内容主要有 4 个组成部分：广告商业插画、卡通吉祥物设计、出版物插图和影视游戏美术设定。

设计师使用 CorelDRAW 进行插画设计时，配合使用各种曲线造型工具、交互式变形和填色工具等，同时结合矢量图形在造型和色彩变化上的优秀表现效果，可创造出精彩的设计作品。

13.2.1　动画场景插画

下面将讲解如何制作动画场景插画效果，效果如图 13-38 所示。其具体操作步骤如下。

(1) 新建一个文档，将【页面宽度】和【页面高度】分别设置为 256mm、251mm。使用【矩形工具】绘制一个与页面大小相同的矩形，将矩形的 CMYK 值设置为 56、5、25、0，将【轮廓】设置为无，如图 13-39 所示。

(2) 使用【钢笔工具】绘制云朵，将【填充颜色】的 CMYK 值设置为 32、0、12、0，将【轮廓】设置为无，如图 13-40 所示。

图 13-38　动画场景插画效果

图 13-39　设置页面并绘制矩形

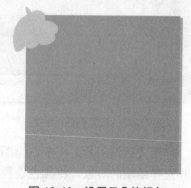

图 13-40　设置云朵的颜色

(3) 使用同样的方法，绘制其他云朵并填充相同的颜色，如图 13-41 所示。

(4) 按住 Shift 键选择绘制的云朵，单击鼠标右键，在弹出的快捷菜单中选择【PowerClip 内部】命令，当鼠标指针变成箭头状时，选择绘制的矩形，效果如图 13-42 所示。

(5) 使用【钢笔工具】绘制对象，如图 13-43 所示。

(6) 将【填充颜色】的 CMYK 值设置为 35、8、71、0，将【轮廓】设置为无，调整对象的位置，如图 13-44 所示。

图 13-41　绘制并填充云朵

图 13-42　选择【PowerClip 内部】命令后的效果

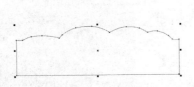

图 13-43　绘制对象

图 13-44　设置对象的填充颜色

(7) 使用【椭圆形工具】绘制椭圆，将对象的【宽度】和【高度】设置为 120mm、24mm，将【填充颜色】的 CMYK 值设置为 49、23、88、3，将【轮廓】设置为无，如图 13-45 所示。

(8) 使用上面介绍的方法，绘制花朵，效果如图 13-46 所示。

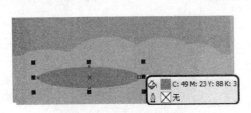

图 13-45　设置椭圆的颜色

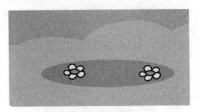

图 13-46　绘制花朵

(9) 使用【钢笔工具】在空白绘图窗口中绘制对象，效果如图 13-47 所示。

(10) 选择绘制的对象，将颜色设置为黑色，如图 13-48 所示。

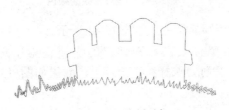

图 13-47　绘制对象

图 13-48　填充颜色

(11) 使用【钢笔工具】，绘制如图 13-49 所示的对象。使用同样的方法绘制对象，为了便于区分，将【填充颜色】设置为蓝色，效果如图 13-50 所示。

图 13-49　绘制对象　　　　　　　　　图 13-50　绘制其他对象并对其进行填充

(12) 将绘制的两个对象放置成如图 13-51 所示的位置。选择两个对象，按 Ctrl+L 组合键，将对象进行合并，如图 13-52 所示。

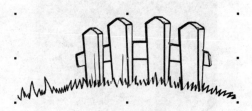

图 13-51　调整两个对象的位置　　　　　　　图 13-52　合并对象

(13) 使用【钢笔工具】，绘制如图 13-53 所示的对象并设置其颜色。

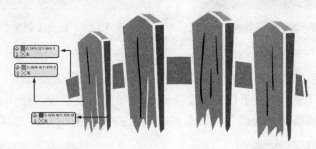

图 13-53　填充对象

(14) 选择填充后的对象，将对象进行群组，然后调整其位置，如图 13-54 所示。

(15) 按 Ctrl+I 组合键，弹出【导入】对话框，选择"素材\Cha13\素材羊.cdr"素材文件，单击【导入】按钮，在绘图页中单击鼠标，然后调整羊的位置，如图 13-55 所示。

图 13-54　调整对象的位置　　　　　　　图 13-55　最终效果

13.2.2　雪地插画

下面将讲解如何制作雪地插画效果，如图 13-56 所示。其具体操作步骤如下。

（1）按 Ctrl+N 组合键，弹出【创建新文档】对话框，在该对话框中将【名称】设置为【制作雪地插画效果】，将【宽度】设置为 215.0mm，将【高度】设置为 285.0mm，如图 13-57 所示。

图 13-56　雪地插画效果

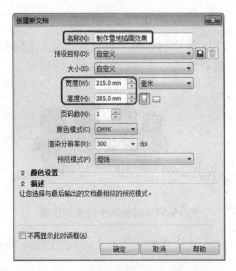

图 13-57　设置【创建新文档】对话框

（2）在工具箱中双击【矩形工具】按钮 ，创建一个与文档同样大小的矩形，并将其进行填充，填充颜色参数设置为 21、93、170。填充后的显示效果如图 13-58 所示。

（3）继续使用【矩形工具】绘制一个矩形，【宽度】设置为 215.0mm，【高度】设置为 125.0mm。然后将其填充为黑色，填充完成后调整到合适的位置，如图 13-59 所示。

图 13-58　创建矩形并填充

图 13-59　调整矩形位置

（4）在工具箱中单击【钢笔工具】按钮 ，绘制如图 13-60 所示形状。

（5）将新绘制的形状进行填充，将填充颜色 RGB 参数设置为 19、86、163，取消轮廓的显示，填充效果如图 13-61 所示。

图 13-60　绘制形状

图 13-61　填充效果

（6）继续使用【钢笔工具】，绘制如图 13-62 所示的形状。将新绘制的形状进行填充，将填充颜色 RGB 参数设置为 21、93、170，取消轮廓的显示，填充效果如图 13-63 所示。

图 13-62　绘制形状

图 13-63　填充效果

（7）使用【钢笔工具】绘制如图 13-64 所示的月亮形状。

（8）将新绘制的形状进行填充，将填充颜色 RGB 参数设置为 98、230、255，取消轮廓的显示，填充效果如图 13-65 所示。

图 13-64　绘制形状

图 13-65　填充效果

（9）使用【钢笔工具】绘制其他形状并将其填充，填充颜色 RGB 参数设置为 98、230、255，取消轮廓的显示，然后对其进行复制并放置在合适的位置，如图 13-66 所示。

（10）在工具箱中单击【贝塞尔工具】按钮，绘制一个不规则四边形并对其进行填充，将填充颜色 RGB 参数设置为 119、158、207，取消轮廓的显示，填充效果如图 13-67 所示。

图 13-66　绘制效果

图 13-67　绘制形状并填充

(11) 继续使用【贝塞尔工具】，绘制两个长条形状并对其进行填充，将填充颜色 RGB 参数设置为 26、49、77，取消轮廓的显示，填充效果如图 13-68 所示。

(12) 使用【钢笔工具】绘制其他形状并进行相应颜色的填充，取消轮廓的显示，效果如图 13-69 所示。

图 13-68　绘制并填充效果

图 13-69　绘制其他对象效果

(13) 使用【钢笔工具】，绘制形状并对其进行填充，将填充颜色 RGB 参数设置为 40、75、117，取消轮廓的显示，然后将其调整至合适的位置，如图 13-70 所示。

(14) 在工具箱中单击【B 样条工具】按钮，绘制融化的雪的形状，并将其进行填充，填充颜色 RGB 参数设置为 211、232、255，取消轮廓的显示，填充效果如图 13-71 所示。

(15) 继续使用【B 样条工具】绘制形状并对其进行填充，将填充颜色 RGB 参数设置为 168、209、255，取消轮廓的显示，填充效果如图 13-72 所示。

(16) 继续使用【B 样条工具】绘制形状并对其进行填充，将填充颜色 RGB 参数设置为 0、84、177，取消轮廓的显示，填充效果如图 13-73 所示。

(17) 继续使用【B 样条工具】绘制形状并对其进行填充，将填充颜色 RGB 参数设置为 225、239、253，取消轮廓的显示，填充效果如图 13-74 所示。

(18) 继续使用【B 样条工具】绘制形状并对其进行填充，将填充颜色 RGB 设置为黑色，取消轮廓的显示，填充效果如图 13-75 所示。

图 13-70　绘制形状并填充

图 13-71　绘制形状并填充

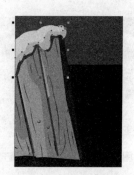

图 13-72　绘制形状并填充

图 13-73　绘制形状并填充

图 13-74　绘制形状并填充

图 13-75　绘制形状并填充

(19) 使用同样的方法绘制栅栏的另一部分，绘制效果如图 13-76 所示。

(20) 在工具箱中单击【贝塞尔工具】按钮 ，绘制形状并对其进行填充，将填充颜色 RGB 参数设置为 181、216、255，取消轮廓的显示，填充效果如图 13-77 所示。

(21) 继续使用【贝塞尔工具】绘制形状并对其进行填充，将填充颜色 RGB 参数设置为 128、191、255，取消轮廓的显示，填充效果如图 13-78 所示。

图 13-76　绘制效果

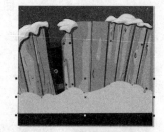

图 13-77　绘制形状并填充

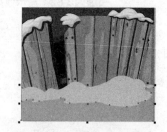

图 13-78　绘制形状并填充

(22) 使用【钢笔工具】绘制形状并进行填充，将填充颜色 RGB 参数设置为 119、184、255，取消轮廓的显示，填充效果如图 13-79 所示。

(23) 使用同样的方法绘制其他对象并填充，绘制效果如图 13-80 所示。

(24) 在工具箱中单击【复杂星形工具】按钮 ，绘制一个复杂星形并将其填充为白色，绘制效果如图 13-81 所示。

图 13-79　绘制形状并填充

图 13-80　绘制效果

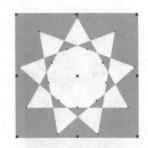
图 13-81　绘制复杂星形对象

(25) 选择绘制的复杂星形对象，在工具箱中单击【透明度工具】按钮，在属性栏中将【透明度类型】设置为【标准】，将【开始透明度】设置为 55，设置完成后的显示效果如图 13-82 所示。

(26) 选择复杂星形对象，在工具箱中单击【变形工具】按钮，在属性栏中将【预设】设置为【拉角】，单击【拉链变形】按钮，将【拉伸振幅】设置为 10，将【拉伸频率】设置为 10，如图 13-83 所示。

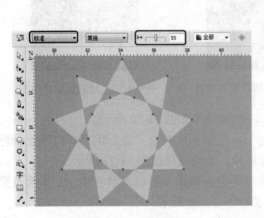
图 13-82　显示效果

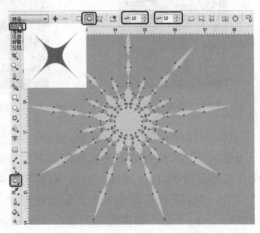
图 13-83　设置对象参数

(27) 设置完成后调整其大小，然后对其进行多次复制，调整其位置，最终完成效果如图 13-84 所示。

图 13-84　完成效果

附录 A　常用快捷键

快捷键	功　能
F10	形状工具
Z	缩放工具
F5	手绘工具
F6	矩形工具
F7	椭圆形工具
Y	多边形工具
F8	文字工具
G	交互式填充工具
F9	全屏预览
F2	放大显示比例
Shift+F2	放大显示选中对象
F3	缩小恢复到以前的缩放级显示
F4	放大所有的对象改变检视，在图形中显示的最大尺寸显示所有的对象
Alt+↓	控制滑块向下移动
Alt+↑	控制滑块向上移动
Alt+→	控制滑块向右移动
Alt+←	控制滑块向左移动
Ctrl+C	复制
Shift+Delete	剪下从绘图中去掉选择对象，或把选择对象放在剪贴板上
Ctrl+V	粘贴
Shift+Insert	从文件中粘贴剪贴板的内容
Ctrl+X	剪切
Ctrl+Z	撤销
Alt+Backspace	恢复上次操作
Ctrl+Shift+Z	重做
Ctrl+Shift+A	【对齐与分布】泊坞窗
Ctlr+F5	【对象样式】泊坞窗
Alt+Enter	【对象属性】泊坞窗
Ctrl+Q	将选定的对象变成曲线
Ctrl+L	合并
Ctrl+K	拆分
Ctrl+G	群组
Ctrl+U	撤销群组

续表

快 捷 键	功　能
Ctrl+Y	贴齐网格点
Ctrl+A	选择全部对象
Ctrl+N	新建文件
Ctrl+O	打开文件
Ctrl+I	导入文件
Ctrl+E	导出文件
Ctrl+S	保存文档
Ctrl+P	打印文档
Ctrl+J	打开【选项】对话框，让用户进行默认设置
Ctrl+W	刷新
B	向下对齐选定对象
C	垂直居中对齐
T	上对齐选定对象
R	右对齐
E	水平居中对齐
L	左对齐
P	页面中心对齐
F11	【渐变填充】对话框
Shift+F11	【均匀填充】对话框
F12	【轮廓笔】对话框
Shift+F12	【轮廓颜色】对话框
Ctrl+F7	【封套】泊坞窗
Ctrl+F9	【轮廓图】泊坞窗
Alt+F3	【透镜】泊坞窗
Ctrl+F11	【插入字符】泊坞窗
Ctrl+F3	【符号管理器】泊坞窗
Delete	删除
Ctrl+Delete	删除右侧的单词
Ctrl+Backspace	删掉左边的单词
Ctrl+T	【文本属性】泊坞窗
Ctrl+Shift+T	【编辑文本】对话框
Ctrl+F8	转换文字
Ctrl+M	添加项目符号

附录 B 习题参考答案

第 1 章

1. 在菜单栏中选择【布局】|【页面设置】命令，弹出【选项】对话框，在左边窗格中选择【页面尺寸】，在右边窗格中就会显示与它相关的设置参数。在菜单栏中选择【布局】|【页面背景】命令，弹出【选项】对话框，在该对话框中可以设置页面背景。

2. 请参考 【实例 1-3】导出图像文件为 TIF 格式。

3. 共 3 种，分为全屏预览、只预览选定对象、页面排序器视图。

第 2 章

1. X、Y。

2. 共 4 种。方法一：在工具箱中单击【选择工具】按钮，使用鼠标在所有对象的外围拖曳虚线矩形，松开鼠标即可选中所有的对象。方法二：在工具箱中双击【选择工具】按钮或【手绘选择工具】按钮，可以快速全选所有对象。方法三：在菜单栏中选择【编辑】|【全选】|【对象】命令，即可全选对象。方法四：按 Ctrl+A 组合键，即可选择场景中的所有对象。

3. 不会复制该对象。

第 3 章

1. 按住 Ctrl 键可以绘制正圆。

2. 略。

3. 抽象对象包括绘制星形、使用图纸工具绘制图形、使用螺纹工具绘制螺纹形状。

第 4 章

1. 共 4 种。方法一：在工具箱中单击【形状工具】按钮，单击或框选将要删除的节点，然后在属性栏中单击【删除节点】按钮即可。方法二：在工具箱中单击【形状工具】按钮，然后双击需要删除的节点。方法三：在工具箱中单击【形状工具】按钮，选择需要删除的节点，然后单击鼠标右键，在弹出的快捷菜单中选择【删除节点】命令。方法四：在工具箱中单击【形状工具】按钮，选择将要删除的节点，然后按 Delete 键即可。

2. CorelDRAW 提供了【3 点曲线工具】、【B 样条工具】、【折线工具】和【智能绘图工具】等特殊线型工具。

第 5 章

1. 渐变填充有 4 种类型：线性、辐射、圆锥和正方形。

2. 【网状填充工具】可以生成一种比较细腻的渐变效果，通过设置网状节点颜色，实现不同颜色之间的自然熔合，更好地对图形进行变形和多样填色处理，从而可增强软件在色彩渲染上的能力。

3. 略。

第 6 章

1. 共 6 种，即无、左、居中、右、全部调整、强制调整。

2. 略。

3. 共 3 种，分别是将文本转换为曲线、使文本适合路径、文本绕图。

第 7 章

1. 共 4 种，即使用调色板、使用【轮廓笔】对话框、使用【轮廓颜色】对话框、使用【颜色泊坞窗】泊坞窗。

2. 参照 7.1.2 小节。

3. 在菜单栏中选择【排列】|【将轮廓转换为对象】命令，即可将该对象中的轮廓转换为对象。

第 8 章

1. 共 4 种，即裁剪工具、刻刀工具、橡皮擦工具、虚拟段删除工具。

2. 【简化】和【修剪】命令相似，可以将相交区域的重合部分进行修剪，不同的是【简化】命令不分原对象和新对象。

第 9 章

1. 略。

2. 共 7 种，其中包括黑白、灰度、双色、调色板、RGB 颜色、Lab 颜色、CMYK 颜色。

3. 略。

第 10 章

1. 首先选中两个要进行调和的对象，使用【调和工具】对选中对象进行调和。确认调和的对象处于选中状态，在属性栏中单击【路径属性】按钮，在弹出的下拉列表中选择【新路径】选项，当鼠标指针变为弯曲的图标时，在路径上单击，即可将选中的对象跟随路径进行显示。

2. 可以，首先在绘图页中选择要进行拆分的轮廓图效果，并右击鼠标，在弹出的快捷菜单中选择【拆分轮廓图群组】命令，即可拆分轮廓图效果。

3. 略

第 11 章

1. 蓝色。

2. 在菜单栏中选择【编辑】|【符号】|【完成编辑符号】命令。

3. Ctrl+F3。

第 12 章

1. 打印纸张、印前技术、打印设置。

2. 略。